定期テスト ズバリよくでる 理科 1年 全教科書

もくじ

取り外してお使いください　赤シート+直前チェックBOOK,別冊解答

※あなたの学校の出題範囲を書きこんでお使いください。

Step 1 基本チェック　生物の観察／植物の体の共通点と相違点(1)

10分

赤シートを使って答えよう！

自然の中にあふれる生命

□ 生物を共通する特徴やちがいに注目してなかま分けし，整理することを［ 分類 ］という。

❶ 花のつくり

□ アブラナやツツジなどの花は，中心にめしべがあり，［ おしべ ］・［ 花弁 ］・がくが順につく。

□ 花弁が1枚1枚離れている花を離弁花，たがいにくっついている花を合弁花という。

□ おしべの先の袋を［ やく ］といい，中には花粉が入っている。

□ めしべの根もとのふくらんだ部分を［ 子房 ］，その中の粒を［ 胚珠 ］という。このように，胚珠が子房の中にある植物を［ 被子植物 ］という。

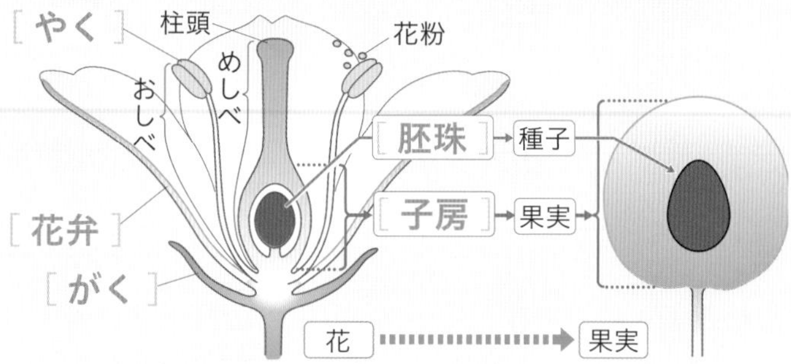

□ 被子植物の花のつくりと果実への変化

□ 花粉がめしべの柱頭につく（［ 受粉 ］する）と，やがて子房は［ 果実 ］に，中の胚珠は［ 種子 ］になる。

□ マツの花には，花弁やがくがない。雄花と雌花があり，雌花のりん片には［ 子房 ］がなく，胚珠が［ むきだし ］でついている。

□ 雄花のりん片には［ 花粉のう ］があり，中に花粉が入っている。

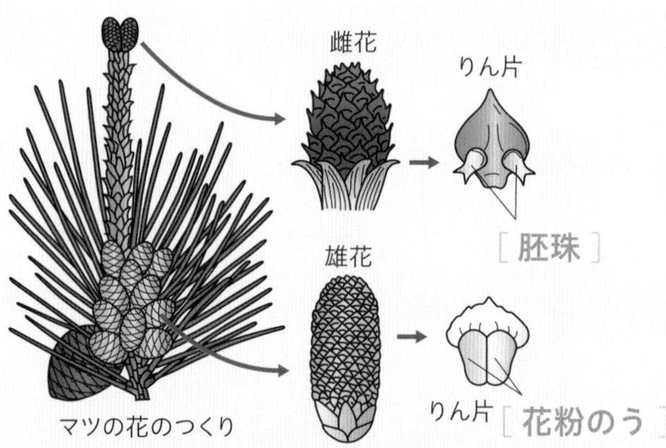

□ 裸子植物の花のつくり

□ マツのような胚珠の特徴をもつ植物のなかまを［ 裸子植物 ］という。

□ 種子でふえる植物のなかまを［ 種子植物 ］という。

テストに出る　花のつくりは，よく出る。被子植物と裸子植物の共通点と異なる点もまとめておこう。

Step 2 予想問題 植物の体の共通点と相違点 (1)

30分
(1ページ10分)

【 ルーペの使い方とスケッチのしかた 】

❶ ルーペの使い方とスケッチのしかたについて，次の問いに答えなさい。

□ ❶ 小さな花を手にとり，ルーペで観察するとき，観察の方法として正しいものを，次の㋐～㋒から記号で選びなさい。 (　　)

㋐ ルーペを目から離(はな)して持ち，ルーペを花の近くで前後に動かす。

㋑ ルーペを目に近づけて持ち，花を前後に動かす。

㋒ ルーペを目に近づけて持ち，顔とルーペを一緒に前後に動かす。

□ ❷ スケッチのしかたについて，正しいのは次のどれか。 (　　)

㋐ スケッチは，影(かげ)をつけて立体感がでるようにかく。

㋑ スケッチは，細い線と小さな点ではっきりとかく。

㋒ スケッチは，見えない部分も想像してかく。

㋓ スケッチは，りんかくがはっきりするように太い線でかく。

【 双眼実体顕微鏡(そうがんじったいけんびきょう)の使い方 】

❷ 双眼実体顕微鏡について，次の問いに答えなさい。

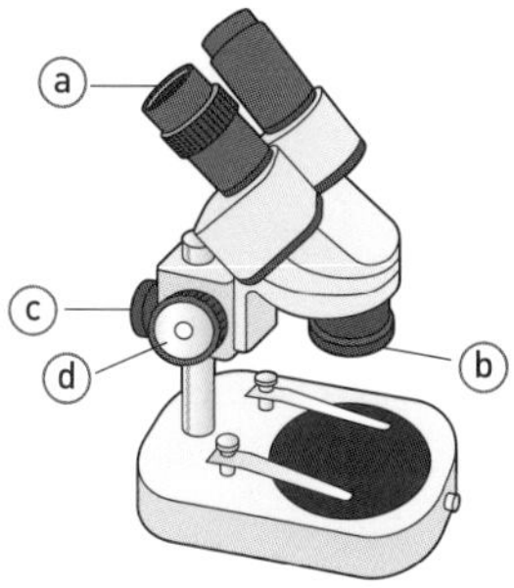

□ ❶ 次の文の(　)にあてはまる語句を選び，丸で囲みなさい。

図の器具は，観察物を (平面・立体) 的に観察するためのものである。

□ ❷ 図のⓐ～ⓓの名称(めいしょう)を答えなさい。

ⓐ(　　　　　)　ⓑ(　　　　　)

ⓒ(　　　　　)　ⓓ(　　　　　)

□ ❸ ⓐに「15倍」，ⓑに「４倍」を使ったときの拡大倍率はいくらか。

(　　　　倍)

□ ❹ ピントを調節する際に，ⓒとⓓのねじはどちらを先に調節するか。

(　　)

□ ❺ 図の器具について適当でないものを，㋐～㋒から１つ選びなさい。

(　　)

㋐ 持ち運ぶときは，両手で持ち，体に密着させる。

㋑ ⓐのレンズ，ⓑのレンズの順にとりつける。

㋒ ⓑのレンズを高倍率にすると，視野が広く明るくなる。

ヒント ❷❺ⓐとⓑをとりつける順があるのは，ほこりが入らないようにするためである。

【レポートの作成】

❸ レポートの作成のしかたをまとめた。

□ ❶ レポートに書く順に，㋐～㋔を並べなさい。

（　　→　　→　　→　　→　　）

㋐ 結果　㋑ 目的　㋒ 準備　㋓ 考察　㋔ 方法

□ ❷ レポートのまとめ方として適当でないものを，㋐～㋓から１つ選びなさい。（　　）

㋐ 何を知るためにこの観察や実験を行ったのか，目的を具体的に書く。

㋑ 結果は，図や表を使ってわかりやすくまとめる。

㋒ 結果には，自分の考えや疑問点も書いておく。

㋓ 考察は，結果から考えたことをもとに，根拠を明らかにして書く。

【いろいろな花のつくり】

❹ アブラナとツツジの花について，次の図を見て，後の問いに答えなさい。

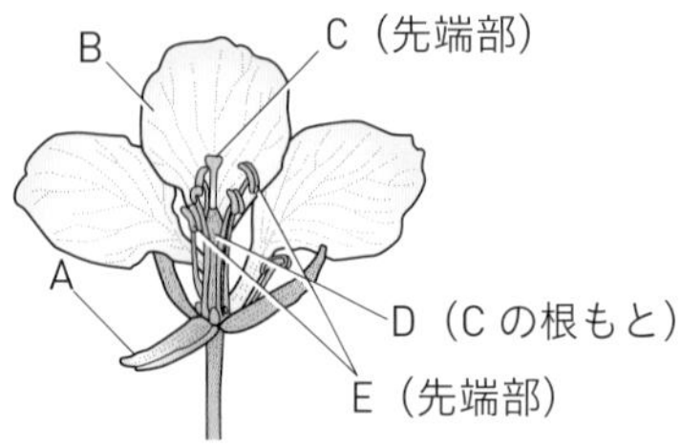

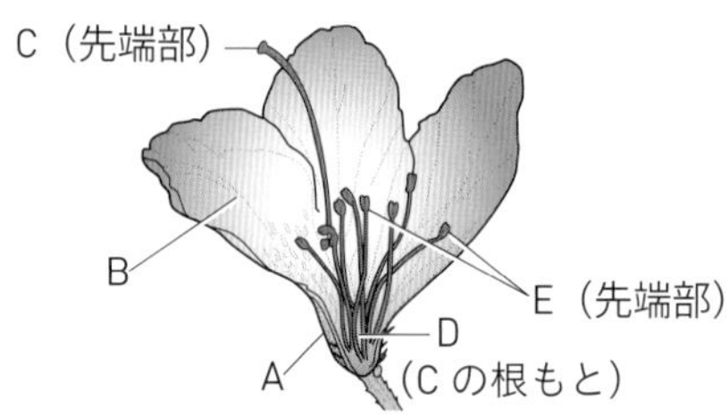

□ ❶ A～Eの名称をそれぞれ答えなさい。

A（　　）　B（　　）　C（　　）

D（　　）　E（　　）

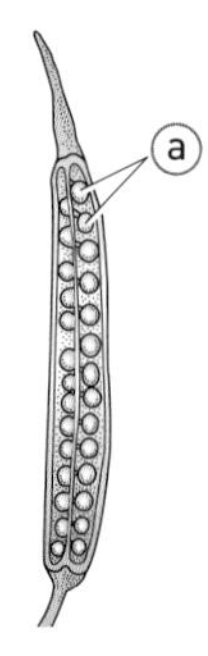

□ ❷ 右の図は，アブラナのある部分が成長したものである。この部分は，上の図のA～Eのどの部分が成長したものか，記号で答えなさい。また，ⓐの粒の名称を答えなさい。　記号（　　）　名称（　　）

□ ❸ 動物などによって運ばれた花粉は，図のA～Eのどの部分につくのか，記号で答えなさい。（　　）

□ ❹ アブラナのように，花弁が１枚１枚離れている花を何というか。

（　　）

□ ❺ 次の㋐～㋓の中から，❹の花のつくりをしているものを１つ選び，記号で答えなさい。（　　）

㋐ タンポポ　㋑ アサガオ　㋒ サクラ　㋓ イネ

ミスに注意　❹❺タンポポの花弁は，たがいにくっついている。

[解答▶p. 1]

【マツのなかま】

❺ 図1は，マツの花のつくりを示したものである。これについて，次の問いに答えなさい。

図1
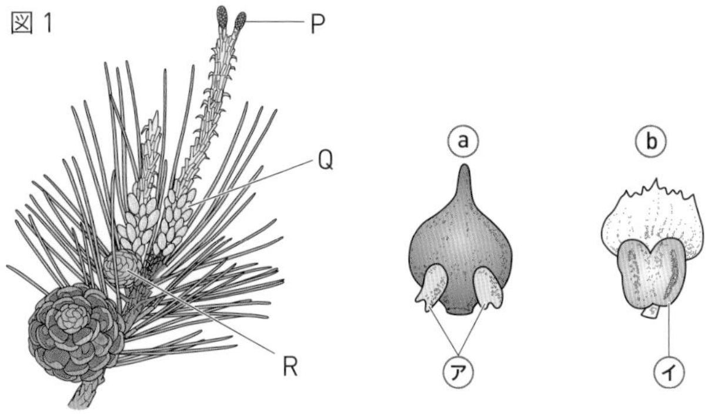

□ ❶ 雄花はP～Rのどれか。（　　　）

□ ❷ 雄花のりん片は，ⓐ，ⓑのどれか。（　　　）

□ ❸ ⓐの㋐の名称を答えなさい。（　　　　　）

□ ❹ ⓑの㋑の名称を答えなさい。（　　　　　　）

□ ❺ ⓐの㋐は，受粉すると何になるか。（　　　　　）

□ ❻ ⓑの㋑の中にある粉を顕微鏡で観察したところ，図2のように，両側に空気袋がついたものが観察された。この粉は何か。（　　　　　）

図2
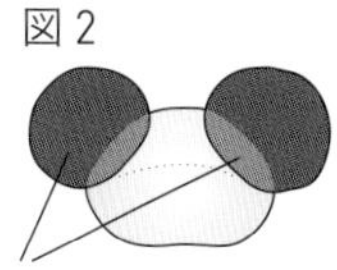

□ ❼ ❻は，何によって運ばれるか。次の㋐～㋓から1つ選び，記号で答えなさい。（　　　）

㋐ 昆虫　㋑ 風　㋒ 鳥　㋓ 水

【種子でふえる植物】

❻ 図は，マツの枝にあった，一昨年のまつかさの一部を観察したときのスケッチである。これについて，次の問いに答えなさい。

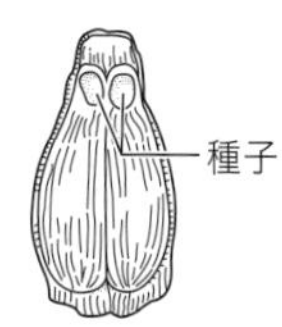

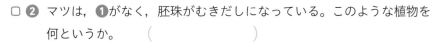

□ ❶ アブラナと比べて，マツには果実ができない。これはマツには何がないからか。（　　　　　）

□ ❷ マツは，❶がなく，胚珠がむきだしになっている。このような植物を何というか。（　　　　　　　）

□ ❸ アブラナの胚珠は❶の中にある。このような植物を何というか。（　　　　　　　）

□ ❹ マツやアブラナは，どちらも種子をつくってふえる植物である。このような植物をまとめて何というか。（　　　　　　　）

ヒント ❺❻❼マツの花粉はとても軽い。

［解答▶p. 1］

Step 1 基本チェック 植物の体の共通点と相違点 (2)

10分

赤シートを使って答えよう！

❷ 子葉・葉・根のつくり

□ 被子植物のうち，発芽するとき出てくる子葉が１枚のなかまを［単子葉類］といい，子葉が２枚のなかまを［双子葉類］という。

□ 葉にあるすじのようなものを［葉脈］という。単子葉類に見られる平行になっている葉脈を平行脈，双子葉類に見られる網目状に広がる葉脈を網状脈という。

□ 双子葉類の根は，［主根］という１本の太い根と，そこから枝分かれして出ている細い［側根］がある。単子葉類のたくさんの細い根を［ひげ根］という。

□ 根の先端近くには，細い毛のような根毛がある。

	子葉	葉脈	根
双子葉類	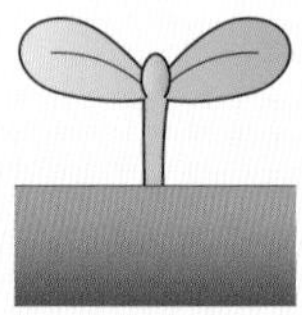 子葉が2枚	 網状脈	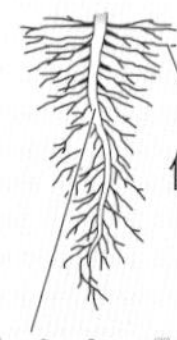 側根 ［主根］
単子葉類	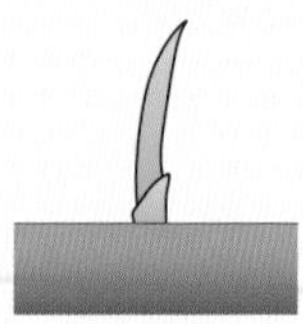 子葉が1枚	 平行脈	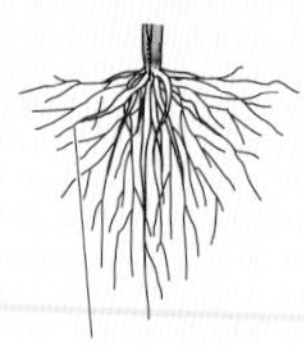 ひげ根

□ 被子植物のつくり

❸ 種子をつくらない植物

□ 種子をつくらない植物は，［胞子のう］でつくられる［胞子］でふえる。

□ イヌワラビやスギナなどの［シダ］植物には，根・茎・葉の区別があり，茎は地下茎が多い。

□ ゼニゴケやスギゴケなどの［コケ］植物には，根・茎・葉の区別がない。根のように見えるものは［仮根］といい，おもに体を地面に固定する役目をしている。

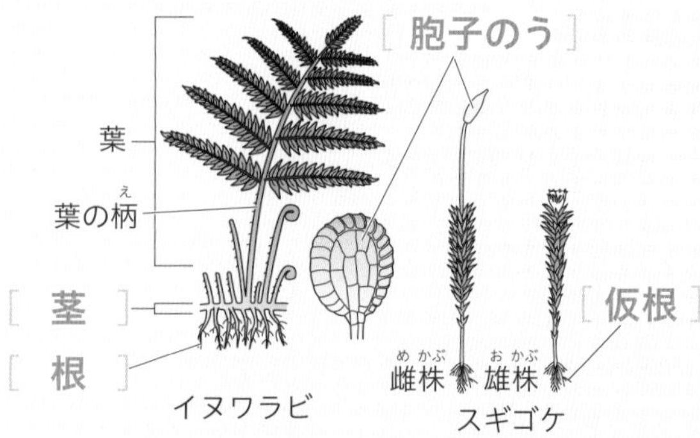

□ シダ植物・コケ植物

❹ 植物の分類

□ 植物を，共通した特徴，ちがっている特徴によって分類することができる。

テストに出る　植物の分類は，よく出る。いろいろな植物の共通点と異なる点をまとめておこう。

Step 2 予想問題 植物の体の共通点と相違点(2)

20分（1ページ10分）

【子葉・葉・根のつくり】

❶ 図のA，Bは葉脈を，C，Dは根のようすを，それぞれ示したものである。次の問いに答えなさい。

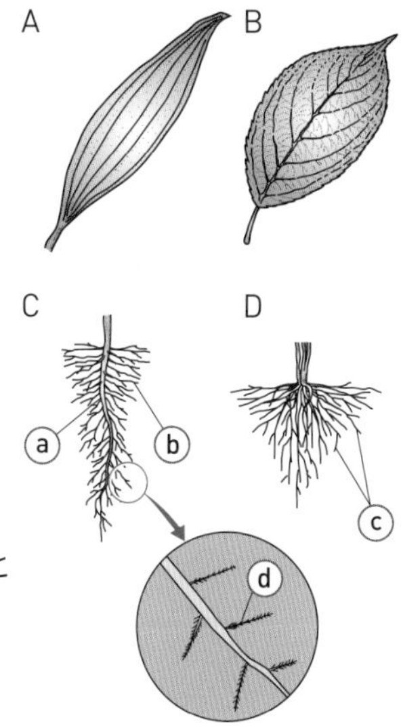

□ ❶ Bのような葉脈を何というか。（　　　）

□ ❷ ❶のような葉脈をもつ植物の，発芽の時に出る子葉の数は何枚か。（　　枚）

□ ❸ ❶，❷のような特徴をもつ植物のなかまを何類というか。また，このなかまの根はC，Dのどちらか。

なかま（　　　　）　根（　　）

□ ❹ 根の先端には，ⓓのような，毛のようなものがあった。これを何というか。（　　　）

□ ❺ 次のうち，Aの葉脈をもつ植物のなかまを，記号で答えなさい。（　　）

㋐ アブラナ　㋑ タンポポ
㋒ スズメノカタビラ　㋓ ホウセンカ

【シダ植物】

❷ 図1は，イヌワラビのからだのようすであり，図2はその一部を拡大したものである。次の問いに答えなさい。

図1

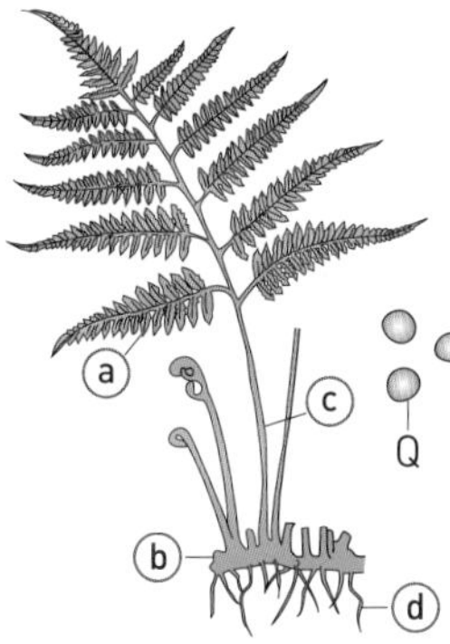

図2

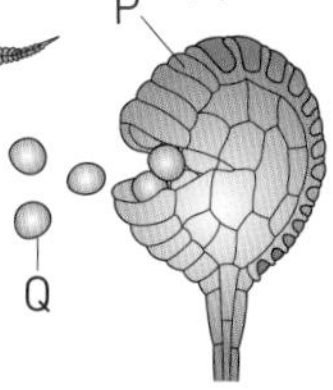

□ ❶ 図1で，根と茎にあたる部分はそれぞれどこか。ⓐ～ⓓから選び，記号で答えなさい。

根（　　　）　茎（　　　）

□ ❷ 図2のPを何というか。その名称を答えなさい。

（　　　　）

□ ❸ 図2のPは，図1のどの部分にあるか。次の㋐～㋓から選び，記号で答えなさい。（　　）

㋐ 葉の表　㋑ 葉の裏　㋒ 根のつけ根　㋓ 根の先端

□ ❹ Qの丸いものは何か。その名称を答えなさい。（　　　　）

ヒント ❶❺単子葉類と双子葉類の根，葉のつくりのちがいは覚えておこう。

ミスに注意 ❷❶イヌワラビの茎は地下茎である。ⓒは茎ではない。

[解答▶p. 2]

【シダ植物とコケ植物のちがい】

❸ 次のA～Dの植物について，後の問いに答えなさい。

□ ❶ A～Dの植物の名称を次から選んで答えなさい。

スギゴケ　スギナ　ゼニゴケ　ゼンマイ

A（　　　）B（　　　）C（　　　）D（　　　）

□ ❷ AとB，CとDのなかまをそれぞれ何植物というか。

AとB（　　　）CとD（　　　）

□ ❸ ㋐～㋓のうち，雌株はどれとどれか。（　　　）と（　　　）

□ ❹ 次の①，②にあてはまるものをA～Dよりすべて選びなさい。

① 水や養分は，体の表面全体からとり入れる。（　　　）

② 根・茎・葉の区別がある。（　　　）

【植物の分類】

❹ 次の表のように，植物をⓐ～ⓗの特徴で，A～Eのグループに分類した。これについて，後の問いに答えなさい。

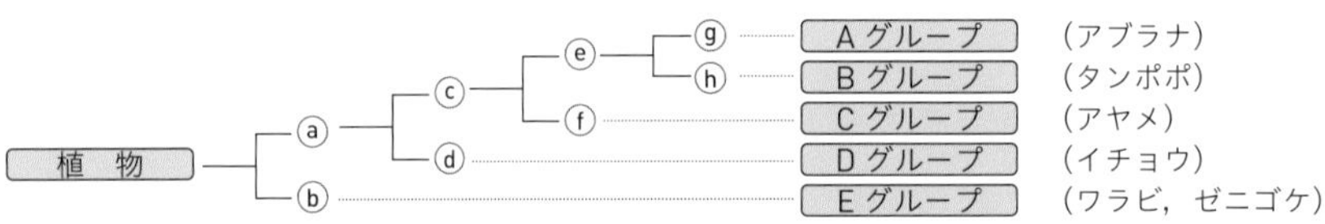

□ ❶ ⓑ，ⓒ，ⓔ，ⓗの特徴を，次の㋐～㋗からそれぞれ選び，記号で答えなさい。

ⓑ（　　　）ⓒ（　　　）ⓔ（　　　）ⓗ（　　　）

㋐ 胚珠がむき出し　㋑ 胚珠は子房の中にある

㋒ 子葉が２枚　㋓ 子葉が１枚

㋔ 花びらがくっついている　㋕ 花びらが離れている

㋖ 種子をつくる　㋗ 胞子でふえる

植物のなかま分けの
重要なポイントは，
なかまのふやし方，
花や根，葉のつくりや
特徴に注目する
ことだよ。

□ ❷ ❶の㋐や㋑の胚珠は，受粉すると何になるか。（　　　）

□ ❸ 表のEグループにあてはまる特徴を，次の㋐～㋓から選び，記号で答えなさい。（　　　）

㋐ 葉脈は網状脈　㋑ 葉脈は平行脈

㋒ 緑色をしている　㋓ 仮根をもつ

ヒント ❹❸仮根は根のように見えるが，根と同じはたらきはない。

［解答▶p. 2］

Step 1 基本チェック 動物の体の共通点と相違点 (1)

10分

赤シートを使って答えよう！

❶ 動物の体のつくりと生活

□ ほかの動物を食べる動物を [肉食] 動物という。これらの動物の歯は，獲物をとらえる犬歯と皮膚や肉をひきさき骨をくだく臼歯が発達している。目は顔の正面についていて，立体的に見える範囲が広く，獲物との距離をはかるのに都合がよい。また，獲物をとらえる，するどいかぎ爪をもつ。

□ 植物を食べる動物を [草食] 動物という。これらの動物の歯は，門歯と臼歯が発達していて，草を切ったりすりつぶしたりするのに適している。目は，横向きについていて，広範囲を見わたすことができる。また，捕食者から逃げるのに役立つひづめをもつ。

	ライオン	シマウマ
歯	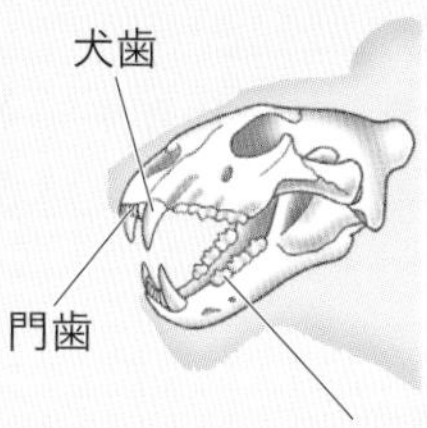	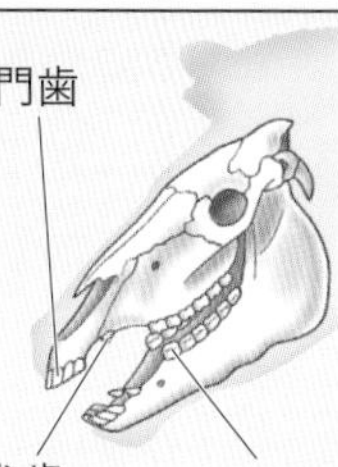
目のつき方	顔の正面についている 	横向きについている 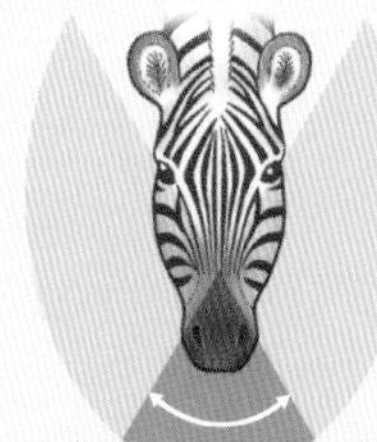
あし	かぎ爪	ひづめ

□ 肉食動物と草食動物

❷ 背骨のある動物

□ 体を支える骨格をもつ動物のうち，背骨をもつ動物を [脊椎] 動物という。

□ 親が卵を産み，卵から子がかえるふやし方を [卵生]，母親の子宮の中で育ち，ある程度成長してから生まれるふやし方を [胎生] という。

□ 脊椎動物は，メダカなどの [魚類]，イモリなどの [両生類]，トカゲなどの [は虫類]，ハトなどの [鳥類]，ウサギなどの [哺乳類] に分類することができる。

	魚類	両生類	は虫類	鳥類	哺乳類
生活場所	水中	子は [水中] 親は陸上など	陸上	陸上	陸上
体表	うろこ	うすく湿った皮膚	うろこ	羽毛	毛
呼吸のしかた	えら	子は [えら] や皮膚 親は [肺] や皮膚	[肺]	肺	肺
なかまのふやし方	卵生	卵生	卵生	卵生	[胎生]

□ 脊椎動物の分類

テストに出る　動物の分類は，よく出る。いろいろな動物の共通点と異なる点をまとめておこう。

Step 2 予想問題 動物の体の共通点と相違点(1)

20分
(1ページ10分)

【肉食動物と草食動物】

❶ 図は，ライオンとシマウマの頭のつくりを示したものである。次の問いに答えなさい。

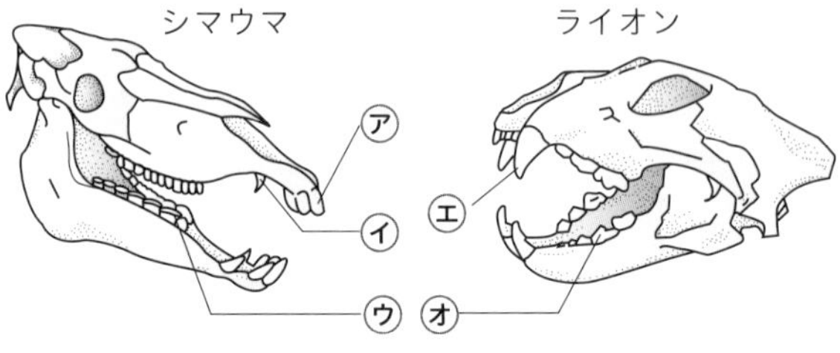

□ ❶ シマウマのように，植物を食べる動物を何というか。（　　　　）

□ ❷ ライオンのように，ほかの動物を食べる動物を何というか。（　　　　）

□ ❸ シマウマは，植物を食べるために，どの歯が発達しているか，図のⓐ〜ⓒからすべて選びなさい。（　　　　）

□ ❹ ライオンは，獲物をとらえるために，ⓔの歯が，肉をひきさき骨をくだくために，ⓞの歯が発達している。ⓔ，ⓞの歯をそれぞれ何というか。　ⓔ（　　　　）ⓞ（　　　　）

□ ❺ 目が顔の正面についているのは，シマウマとライオンのどちらか。（　　　　）

□ ❻ ❺の動物の目のつくりは，立体的に見える範囲が広いか，せまいか。（　　　　）

ライオンもシマウマも，アフリカの草原にすむ動物で，4本あしで速く走ることができるところは，共通しているね。

【背骨のある動物】

❷ 図は，ある生物のなかまの体の中のようすを示したものである。次の問いに答えなさい。

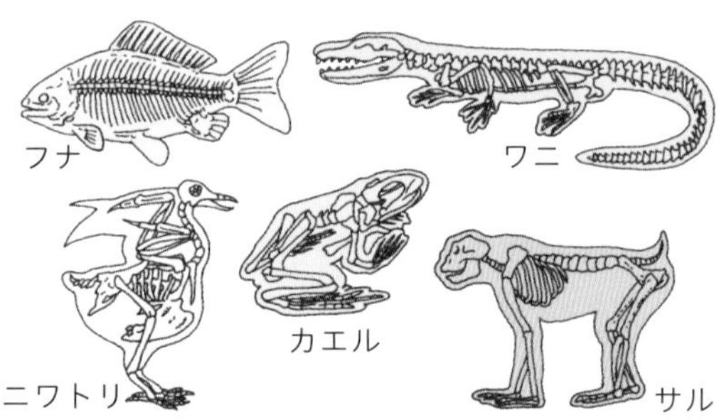

□ ❶ 図にあるような，体を支える構造を何というか。（　　　　）

□ ❷ 図の生物は，どれも背骨をもっている。このようななかまを何動物というか。（　　　　）

ヒント ❶ライオンやシマウマは，それぞれ食べ物や生活に適した体のつくりをしている。

[解答▶p. 2]

【動物のなかま分け】

❸ 次の表は，5種類の動物のなかまの特徴をまとめたものである。後の問いに答えなさい。

	哺乳類	A	B	両生類	魚類
生活場所	陸上				水中
背骨	ある				
呼吸	肺				えら
産卵場所	陸上	㋐	㋑	㋒	㋓ 水中
ふやし方	C	卵生			
体の表面	D	羽毛	E	湿った皮膚	E

□ ❶ 体の表面のようすを示すDとEに入る語句を答えなさい。

D（　　　　）　E（　　　　）

□ ❷ AとBは，それぞれ何というなかまか。

A（　　　　）　B（　　　　）

□ ❸ 産卵場所の陸上と水中の仕切り線は，㋐～㋓のどこに入れるのが適切か。

（　　　　）

□ ❹ ふやし方を示すCに入る語句を答えなさい。　（　　　　）

□ ❺ 呼吸について，仕切り線が，両生類の真ん中にある。このことの説明として正しいものは，次の㋐～㋒のどれか。　（　　　　）

㋐ 種類によって，えらで呼吸するものと肺で呼吸するものとがある。

㋑ 子はえらや皮膚，親は肺や皮膚で呼吸をする。

㋒ 陸上にいるときは肺を使い，水中にもぐるときはえらを使って呼吸している。

□ ❻ Aも魚類も同じ卵生である。Aの卵のようすの特徴は何か。また，産卵数が多いのは，Aと魚類のどちらか。

特徴（　　　　　　　　）

産卵数（　　　　）

□ ❼ Cのようななかまのふやし方は，卵生に比べて，子が生き残る確率が大きいか，小さいか。　（　　　　）

ヒント ❸❻陸上に卵を産む動物の卵は，かたい殻をもつ。これは，乾燥から守るためである。

Step 1 基本チェック　動物の体の共通点と相違点（2）

10分

赤シートを使って答えよう！

❸ 背骨のない動物

□ 背骨をもたない動物を［ 無脊椎 ］動物という。

□ バッタやエビ，クモなどには背骨がなく，体の外側は，かたい殻のような［ 外骨格 ］でおおわれていて，内側についている筋肉のはたらきで動く。背骨をもたず，体やあしが多くの節に分かれている動物を［ 節足 ］動物という。

□ バッタやカブトムシなどのなかまを［ 昆虫 ］類という。胸部や腹部の気門から空気をとり入れて呼吸している。エビやカニなどのなかまを［ 甲殻 ］類といい，多くは水中で生活し，えらで呼吸している。

□ イカやタコ，アサリなど，背骨や節がなく，あしが筋肉でできていて，内臓が［ 外とう膜 ］という膜でおおわれている動物の仲間を［ 軟体 ］動物という。

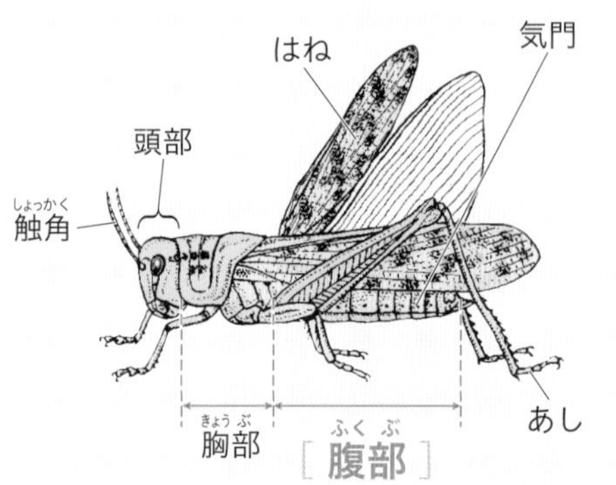

□ 節足動物　昆虫類（トノサマバッタ）

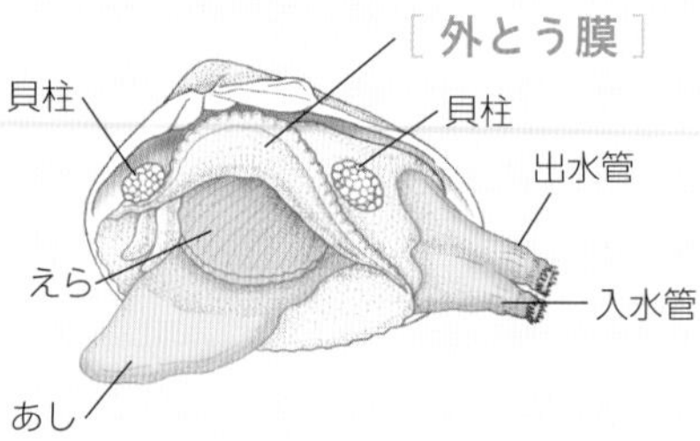

□ 軟体動物（アサリ）

❹ 動物の分類

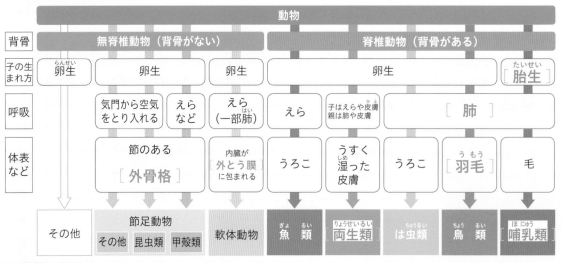

	動物									
背骨	無脊椎動物（背骨がない）					脊椎動物（背骨がある）				
子の生まれ方	卵生	卵生			卵生	卵生				［ 胎生 ］
呼吸		気門から空気をとり入れる		えらなど	えら（一部肺）	えら	子はえらや皮膚 親は肺や皮膚	［ 肺 ］		
体表など		節のある［ 外骨格 ］			内臓が［ 外とう膜 ］に包まれる	うろこ	うすく湿った皮膚	うろこ	［ 羽毛 ］	毛
	その他	節足動物 その他	節足動物 昆虫類	節足動物 甲殻類	軟体動物	魚類	［ 両生類 ］	は虫類	鳥類	［ 哺乳類 ］

□ 動物の分類

テストに出る 動物の分類は，よく出る。いろいろな動物の共通点と異なる点をまとめておこう。

Step 2 予想問題 動物の体の共通点と相違点(2)

30分
(1ページ10分)

【昆虫類】

❶ 図は，トノサマバッタの体のつくりを示したものである。次の問いに答えなさい。

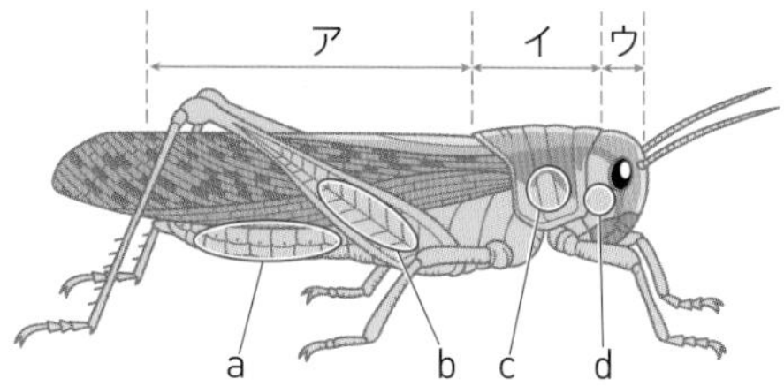

□ ① トノサマバッタの胸部は，図のア〜ウのどれか。 (　　)

□ ② トノサマバッタは，体の外側が，かたい殻のようなものでおおわれている。これを何というか。 (　　)

□ ③ トノサマバッタは，体にある穴から空気をとり入れ，呼吸をしている。この穴を何というか。 (　　)

□ ④ ③は，図のa〜dのどこにあるか。 (　　)

□ ⑤ 次のうち，昆虫類のなかまを，記号で答えなさい。 (　　)
㋐ マイマイ　㋑ チョウ　㋒ ミミズ　㋓ ダンゴムシ

【甲殻類】

❷ 図は，甲殻類のエビの体のつくりを示したものである。次の問いに答えなさい。

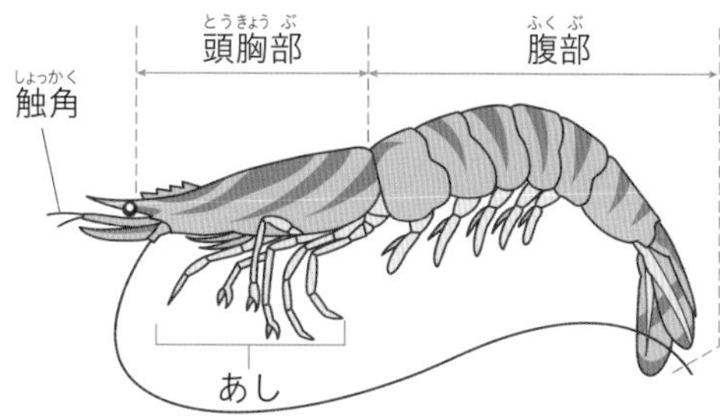

□ ① エビは何で呼吸しているか。 (　　)

□ ② 下のA〜Dの動物は，エビと同じ，体やあしが多くの節に分かれている動物のなかまである。このようななかまを何動物というか。 (　　)

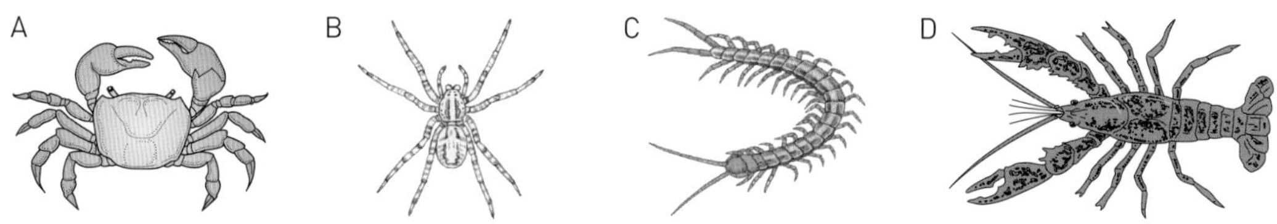

□ ③ ❷のA〜Dのうち，エビと同じ甲殻類のなかまはどれか。すべて選び，記号で答えなさい。 (　　)

ヒント ❷①エビは水中で生活している。

[解答▶p. 3]

【軟体動物(なんたいどうぶつ)】

❸ 図は，アサリの体のつくりを表したものである。

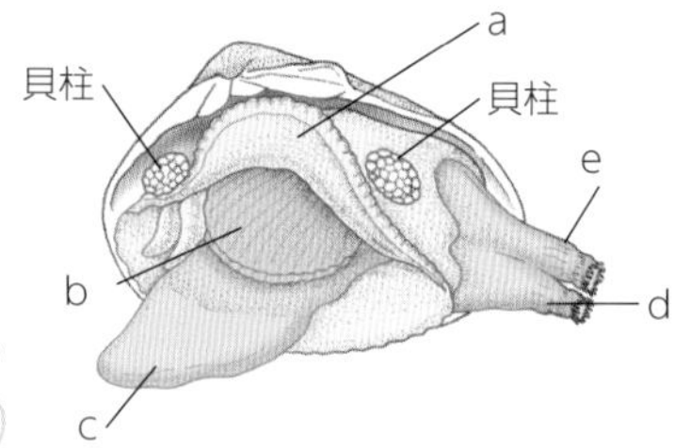

□ ❶ aの膜(まく)を何というか。（　　　　　）

□ ❷ ❶の膜は何がある部分を包んでいるか。（　　　　　）

□ ❸ 図のa～eで呼吸が行われるのはどこか。記号で答えなさい。（　　　）

□ ❹ ❸の部分を何というか。（　　　　　）

□ ❺ 軟体動物や節足動物(せっそくどうぶつ)には背骨(せぼね)はない。このような動物のなかまを何というか。（　　　　　）

【動物の分類】

❹ 図のA～Fの動物について，次の問いに答えなさい。

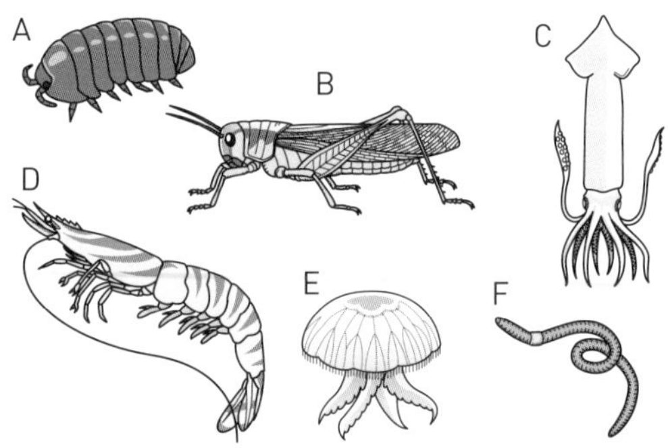

□ ❶ これらの動物の体のつくりに共通していることは何か。（　　　　　）

□ ❷ ❶のことから，これらの動物を何というか。（　　　　　）

□ ❸ 体やあしに節(ふし)があるものは，A～Fのうちのどれか。すべて選び，記号で答えなさい。（　　　　　）

□ ❹ Cのなかまを，特に何動物というか。（　　　　　）

□ ❺ ❹の動物の特徴(とくちょう)を，次の㋐～㋓からすべて選びなさい。（　　　　　）

㋐ 外骨格(がいこっかく)をもつ　㋑ 外とう膜(がいとうまく)をもつ　㋒ 卵生(らんせい)
㋓ 胎生(たいせい)

□ ❻ ❹の動物と同じなかまを，次の㋐～㋔からすべて選びなさい。（　　　　　）

㋐ タコ　㋑ ミミズ　㋒ ウニ　㋓ アサリ　㋔ マイマイ

ヒント ❸❸アサリはcを使って動く。dで食べ物を水ごと吸いこみ，不要なものをeから出す。

ミスに注意 ❹❻マイマイは，地上にすむが，アサリなどの貝のなかまである。

[解答▶p. 3]

【 動物の分類 】

❺ 図は，７種類の動物を，いくつかの特徴をもとに分類したものである。次の問いに答えなさい。

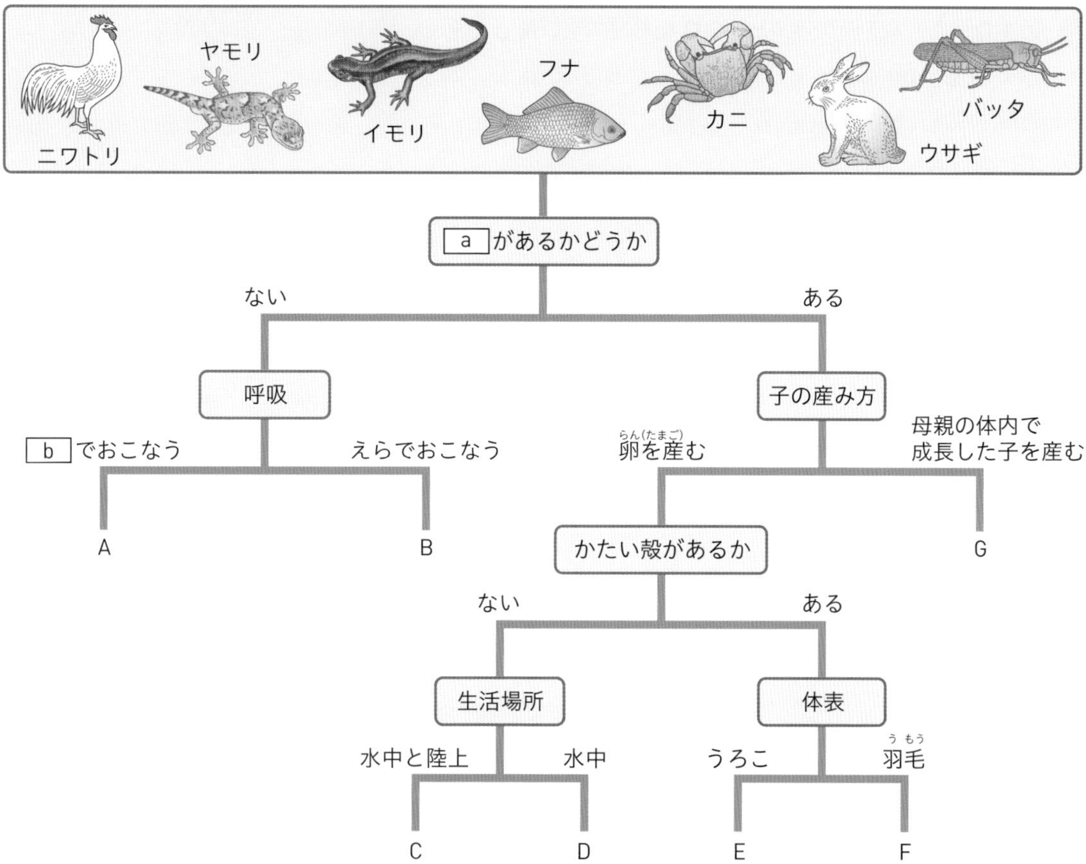

□ ❶ 図の a ， b に入る言葉を，それぞれ答えなさい。

a（　　　　　）　b（　　　　　）

□ ❷ ヤモリとイモリは，それぞれ図のA～Gのどのなかまにふくまれるか。

ヤモリ（　　　　　）　イモリ（　　　　　）

□ ❸ E，Fのなかまは，水中，陸上のどちらに卵を産むか。（　　　　　）

□ ❹ Gのなかまのように，卵でなく子を産むふえ方を何というか。

（　　　　　）

□ ❺ Cの呼吸の特徴を，「子は」，「親は」という言葉を使って答えなさい。

（　　　　　　　　　　　　　　　　　　　　）

イモリとヤモリは，よく似ているが，ちがうなかまだよ。

ヒント ❺❷イモリは「井守（井戸を守る）」，ヤモリは「家守（家を守る）」と覚えよう。

ミスに注意 ❺❺子と親の両方の特徴を書く。

［解答▶p. 3］

Step 3 予想テスト いろいろな生物とその共通点

30分 　/100点 目標 70点

❶ 図1は，アブラナの花のつくりを模式的に表したものである。図2は，マツの枝のスケッチである。次の問いに答えなさい。 技

図1

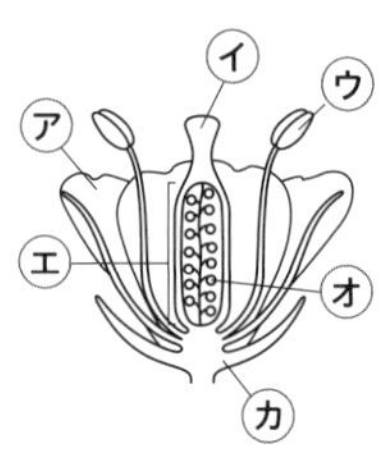

図2

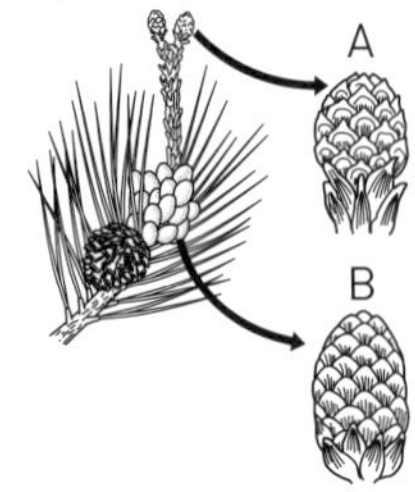

図3

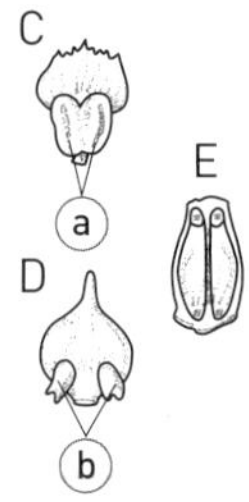

図4

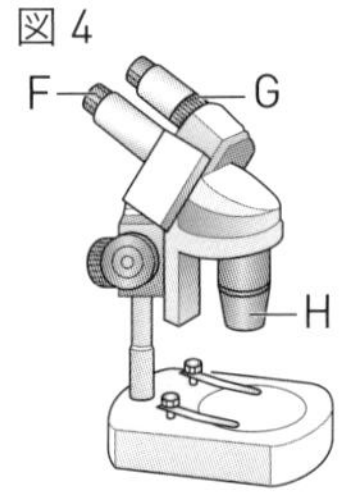

- □ ❶ 図1のⓄは，柱頭に花粉がついた後，何になるか。
- □ ❷ 図2のAは何か。
- □ ❸ 図3のC，Dは，図4の実験器具で観察したりん片のスケッチである。Cは図2のA，Bどちらのりん片か。
- □ ❹ 図3のⓐ，ⓑは，図1のⓐ～ⓚのどの部分にあたるか。それぞれの記号と名称を答えなさい。
- □ ❺ 図3のEは，C，Dのどちらが変化したものか。
- □ ❻ 図4の実験器具の名称を答えなさい。
- □ ❼ 図4の実験器具のF～Hの各部の名称を答えなさい。
- □ ❽ 図4の実験器具は，ふつうの顕微鏡と比べ，見え方にどのようなちがいがあるか。

❷ 図は，植物のなかまの特徴を整理してまとめたものである。図の（　）にあてはまる言葉を答えなさい。 思

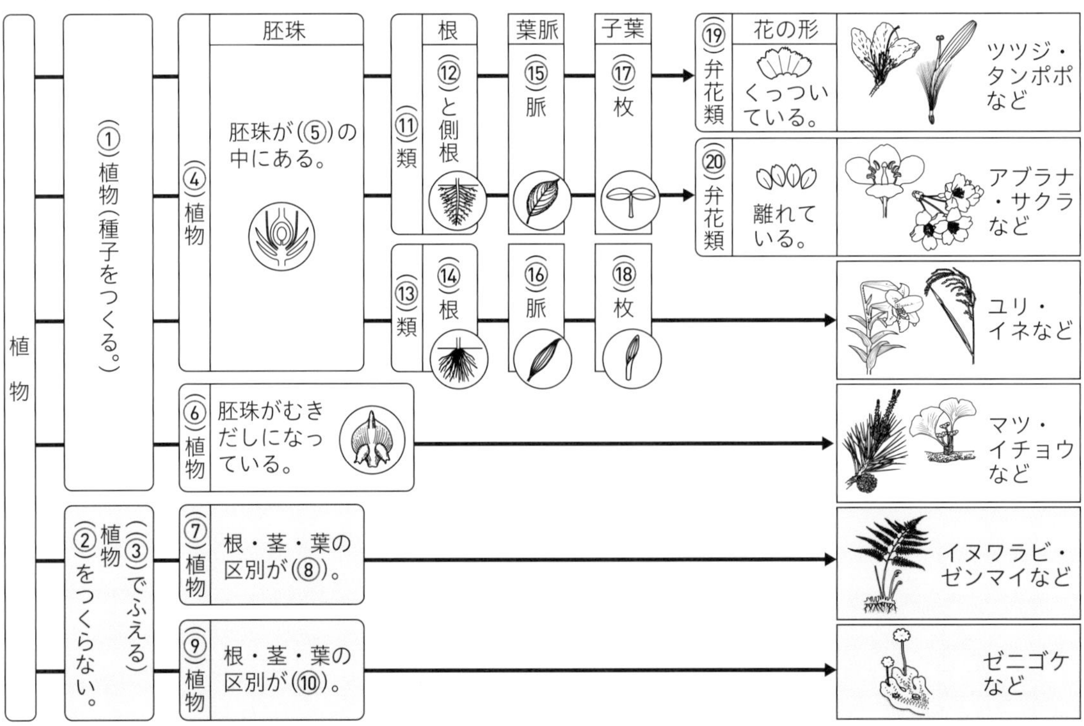

 成績評価の観点 技…観察・実験の技能 思…科学的な思考・判断・表現

❸ クモ，ネコ，カナヘビ，メダカ，ワシ，サンショウウオの６種類の動物について，次の問いに答えなさい。 思

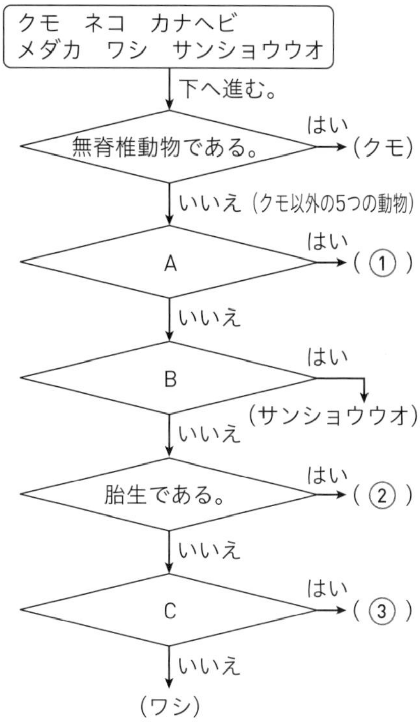

操作 図の◇のA～Cには，下の㋐～㋒の特徴のいずれか１つを入れ，「はい」なら右へ進み，その特徴をもたない場合は「いいえ」で下へ進む。
たとえば，６種類の動物のうち，無脊椎動物はクモだけであるので，クモだけが「はい」で右に進み，残りの５種類の動物は「いいえ」で下に進む。

㋐ 子はえらや皮膚，親は肺や皮膚で呼吸する。
㋑ 体表はうろこでおおわれている。
㋒ 一生を水中で生活する。

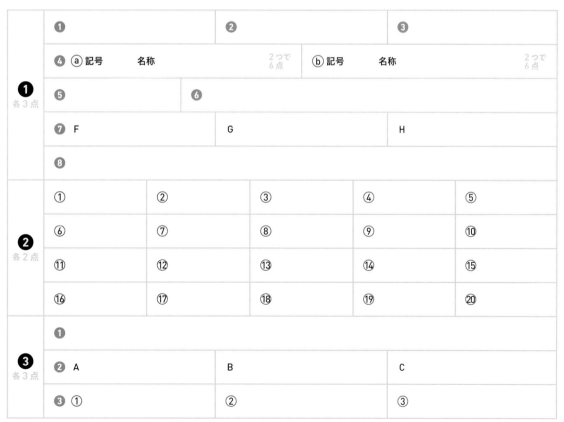

□ ❶ 無脊椎動物とはどのような特徴をもつ動物のことか。
点UP □ ❷ 図のA～Cには，上の㋐～㋒のどれが入るか，それぞれ選びなさい。
点UP □ ❸ 図の①～③に入る動物名を，それぞれ答えなさい。

❶ 各3点	❶	❷	❸		
	❹ ⓐ記号　名称（2つで6点）	ⓑ記号　名称（2つで6点）			
	❺	❻			
	❼ F	G	H		
	❽				
❷ 各2点	①	②	③	④	⑤
	⑥	⑦	⑧	⑨	⑩
	⑪	⑫	⑬	⑭	⑮
	⑯	⑰	⑱	⑲	⑳
❸ 各3点	❶				
	❷ A	B	C		
	❸ ①	②	③		

❶　　／39点　❷　　／40点　❸　　／21点

［解答▶p. 4］

Step 1 基本チェック 身のまわりの物質とその性質

10分

赤シートを使って答えよう！

❶ 物質の区別

□ ものの形や大きさなどに注目したときの名称を［物体］といい，ものをつくっている材料に注目したときの名称を［物質］という。

□［炭素］をふくむ物質を有機物といい，燃えると［二酸化炭素］を出す。有機物の多くは水素もふくんでいるため，燃えると［水］もできる。

□ 有機物以外の物質を［無機物］という。

□ 物質は，金属とそれ以外に分類することができ，金属以外の物質を［非金属］という。

□ 金属に共通の性質

① 電気をよく通す（電気伝導性）。

② 熱をよく伝える（熱伝導性）。

③ みがくと特有のかがやきが出る（［金属光沢］）。

④ たたいて広げたり（展性），引きのばしたり（延性）することができる。

［金属］	［非金属］
鉄，アルミニウム，銅など 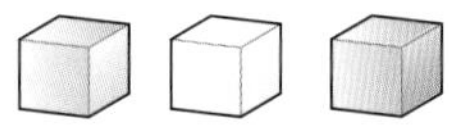	ガラス，プラスチック，木，ゴム　など 

電気をよく通す（電気伝導性）。
熱をよく伝える（熱伝導性）。
みがくと特有のかがやきが出る（［金属光沢］）。
たたくと広がる（展性）。
引っ張るとのびる（延性）。

□ **金属と非金属**

磁石（じしゃく）につかない金属もあるから，磁石につくというのは，金属共通の性質ではないよ。

❷ 体積・質量と密度

□ 電子てんびんや上皿てんびんではかることのできる，物質そのものの量を［質量］という。

□ 一定の体積（1 cm^3）あたりの物質の質量を［密度］という。単位には［グラム毎立方センチメートル］（記号 g/cm^3）を用いる。

$$\text{物質の密度}\,[g/cm^3] = \frac{\text{物質の［質量］}\,[g]}{\text{物質の［体積］}\,[cm^3]}$$

□ 液体の密度よりも密度が［小さい］物質は，その液体に浮く。

テストに出る　密度の計算は必ずできるようにしておこう。

Step 2 **予想問題** # 身のまわりの物質とその性質

30分
(1ページ10分)

【ガスバーナーの使い方】

❶ 図のガスバーナーの使い方について，次の問いに答えなさい。

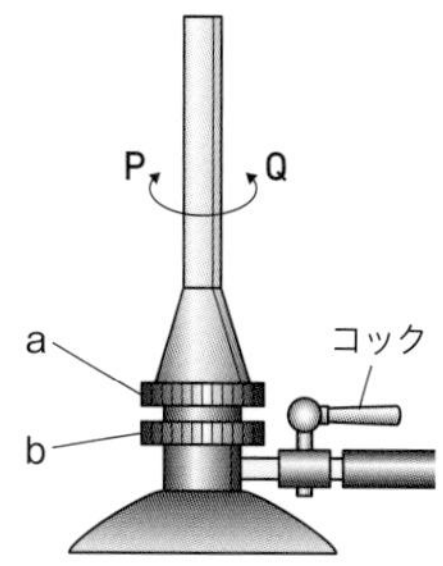

□ ❶ ガスバーナーに火をつけるときの順に，次の㋐～㋒を並(なら)べなさい。
(→ →)

㋐ コックを開けて，ガスライターに火をつける。　㋑ 元栓(もとせん)を開ける。
㋒ ななめ下から火を近づけ，ガス調節ねじをゆるめる。

□ ❷ 炎(ほのお)の色がオレンジ色のとき，何をどのように調整するか，次の㋐～㋓から選びなさい。 ( )

㋐ aのねじを動かさないようにして，bのねじをPの向きに回す。
㋑ aのねじを動かさないようにして，bのねじをQの向きに回す。
㋒ bのねじを動かさないようにして，aのねじをPの向きに回す。
㋓ bのねじを動かさないようにして，aのねじをQの向きに回す。

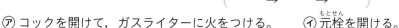

【物質の区別】

❷ 次の実験1，2の方法で，3種類の白い物質A～Cが何かを調べた。物質A～Cは砂糖(さとう)，かたくり粉(デンプン)，食塩のいずれかである。これについて，次の問いに答えなさい。

実験1 3本の試験管に同じ量の物質を入れ，それぞれに同じ量の水を入れてよく振(ふ)り，ようすを調べる。

実験2 図のように，燃焼さじにアルミニウムはくを巻(ま)き，物質A～Cをのせて加熱したときのようすを調べる。火がついたら，水溶液(すいようえき)Xが入った集気びんに入れ，火が消えるまでおいた。火が消えたら燃焼さじをとり出し，集気びんのふたをして，よく振った。

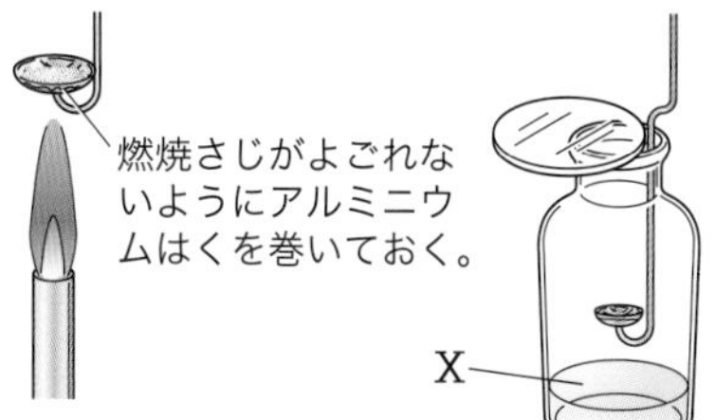

結果 実験1では，物質Bだけがとけなかった。実験2では，物質BとCは燃え，水溶液Xは白くにごった。

□ ❶ 集気びんに入れた水溶液Xは何か。 ( )

□ ❷ 実験2の結果から，物質B，Cには何がふくまれているとわかるか。また，このような物質を何というか。

ふくまれているもの( )　物質( )

□ ❸ 物質Aは何か。 ( )

ヒント ❶❷炎がオレンジ色のときは，空気の量が不足している。

【金属の密度と測定器具】

❸ 鉄，銅，アルミニウム，鉛の密度をそれぞれ調べた。これについて，次の問いに答えなさい。

物質	質量〔g〕	体積〔cm^3〕
鉄	63.0	8.0
銅	17.9	2.0
アルミニウム	16.2	6.0
鉛	45.4	4.0

□ ❶ 金属の質量をはかるためにはどのような器具を使用すればよいか。器具の名称を１つ答えなさい。
（　　　　）

□ ❷ それぞれの金属のかたまりは不規則な形をしていた。そのような物体の体積の求め方を「メスシリンダー」という語句を用いて，簡単に答えなさい。
（　　　　）

□ ❸ それぞれの金属の質量と体積をはかった結果を表にまとめた。密度がいちばん大きいものはどれか，名称を答えなさい。また，その値はいくらか，単位もつけて答えなさい。
名称（　　　　）
密度（　　　　）

【メスシリンダーの使い方】

❹ メスシリンダーを使い，質量65.0 gの液体A，Bの体積をはかった。液体Aは，65.0 cm^3であったが，液体Bは，図のようになった。これについて，次の問いに答えなさい。

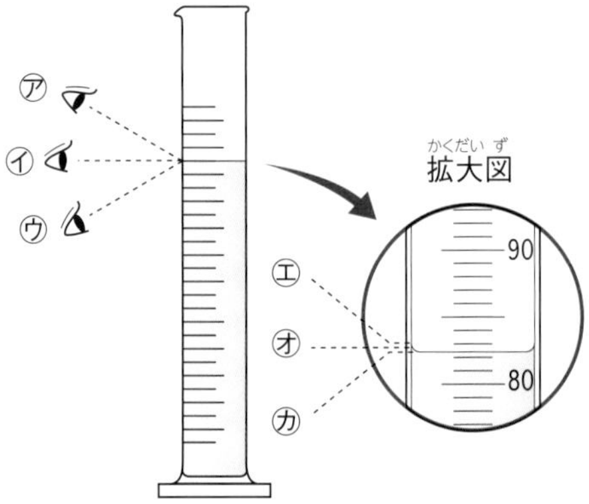

□ ❶ メスシリンダーの目盛りを読むときの目の位置は，㋐〜㋒のどれが正しいか。（　　　）

□ ❷ 液面のどの位置を読みとるのが正しいか。㋓〜㋕から選びなさい。（　　　）

□ ❸ 目盛りの読みとり方として正しいものは，次の㋐〜㋓のどれか。（　　　）
㋐ 小数第１位まで読む。　㋑ 整数で読みとる。
㋒ 最小目盛りの$\frac{1}{10}$まで読む。　㋓ 最小目盛りの$\frac{1}{100}$まで読む。

□ ❹ 液体Bの体積は何cm^3か。（　　　　cm^3）

□ ❺ 密度が大きい液体は，A，Bのどちらか。（　　　）

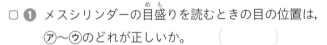

ヒント ❸❷水と置きかえて，物体の体積を求める方法である。

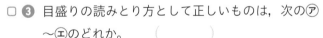

ミスに注意 ❸❸単位を書き忘れないようにしよう。

[解答▶p. 5]

【密度による物質の区別】

❺ 表1は，A～Eの金属片の体積と質量を測定した結果を示している。これについて，次の問いに答えなさい。

表1

金属片	体積〔cm³〕	質量〔g〕
A	2.0	17.9
B	3.0	20.0
C	5.0	46.0
D	6.0	53.7
E	6.0	16.0

表2

物質	密度〔g/cm³〕
鉛	11.3
銀	10.5
銅	8.96
鉄	7.87
アルミニウム	2.70

□ ① 金属片A～Eを同じ体積で比べたとき，もっとも質量が大きいものはどれか。記号で答えなさい。（　　）

□ ② Aの密度は何g/cm³か。（　　　g/cm³）

□ ③ Aと同じ物質と考えれられるものは，B～Dのどれか。（　　）

□ ④ Aは何の物質と考えられるか。表2から物質名を答えなさい。（　　　）

【密度とものの浮き沈み】

❻ ものの浮き沈みは，物質の密度と関係がある。これについて，次の問いに答えなさい。

□ ① ビーカーに水を入れ，氷を入れたところ，氷は浮いた。このことから，氷の密度は水の密度と比べて大きいか，小さいか。（　　　）

□ ② ビーカーにエタノールを入れ，氷を入れたところ，氷は沈んだ。このことから，エタノールの密度は水の密度と比べて大きいか，小さいか。

（　　　）

□ ③ 物質A，B，Cを水，エタノール，濃い食塩水に入れたところ，表のようになった。物質A，B，Cの密度の大きさの関係はどのようになるか，次の㋐～㋕から1つ選び，記号で答えなさい。なお，水の密度より濃い食塩水の密度の方が大きい。

物質	水	エタノール	濃い食塩水
A	沈んだ	沈んだ	浮いた
B	沈んだ	沈んだ	沈んだ
C	浮いた	沈んだ	浮いた

（　　）

㋐ A＜B＜C

㋑ A＜C＜B

㋒ B＜A＜C

㋓ B＜C＜A

㋔ C＜A＜B

㋕ C＜B＜A

ミスに注意 ❺①同じ体積あたりの質量を比較する。

ヒント ❻③液体を密度の小さい順に並べ，表より，A，B，Cと液体との密度を比較する。

Step 1 基本チェック 気体の発生と性質

10分

赤シートを使って答えよう！

❶ 気体の区別

□ 水にとけにくい気体は［ 水上置換法 ］で集める。

□ 水にとけやすい気体のうち，空気より密度が小さいものは［ 上方置換法 ］で集め，空気より密度が大きいものは［ 下方置換法 ］で集める。

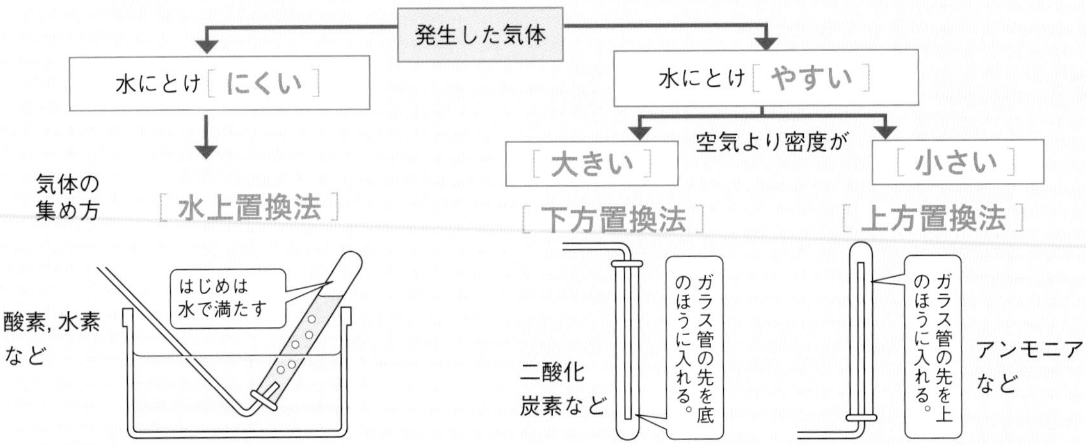

□ **気体の性質による集め方**

□ 酸素は，二酸化マンガンにうすい［ 過酸化水素水 ］（オキシドール）を加えると発生する。ものを［ 燃やす ］はたらきがある。

□ 二酸化炭素は，石灰石にうすい［ 塩酸 ］を加えると発生する。［ 石灰水 ］を白くにごらせる。水溶液は酸性を示す。

□ アンモニアは，水に非常に［ とけやすい ］。特有の刺激臭があり，有毒である。水溶液はアルカリ性を示す。

□ 水素は，亜鉛などの金属にうすい［ 塩酸 ］を加えると発生する。空気中で火をつけると音を立てて燃えて，［ 水 ］ができる。

□ 窒素は，空気中に体積で約［ 78 ］％ふくまれている。

□ 発生する方法がちがっても，気体の性質を調べることで，発生した気体が何かを区別することができる。

テストに出る 気体の性質のちがいによる，３種類の集め方を覚えておこう。

Step 2 予想問題 気体の発生と性質

30分
（1ページ10分）

【気体の集め方】

❶ 気体の集め方は，気体の性質によって，図のようにまとめられる。これについて，次の問いに答えなさい。

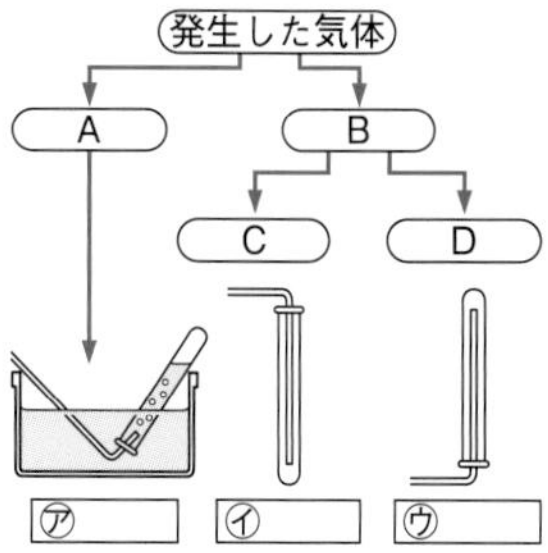

□ ❶ A～Dの気体の性質を答えなさい。

A（　　　　　　　　）
B（　　　　　　　　）
C（　　　　　　　　）
D（　　　　　　　　）

□ ❷ ㋐～㋒の気体の集め方の名称を答えなさい。

㋐（　　　　）
㋑（　　　　）
㋒（　　　　）

□ ❸ ㋐の集め方の場合，最初に出てくる気体を試験管２本分捨(す)てるようにする。これはなぜか。

（　　　　　　　　　　　　）

【酸素と二酸化炭素】

❷ 図のような装置(そうち)で気体を発生させた。これについて，次の問いに答えなさい。

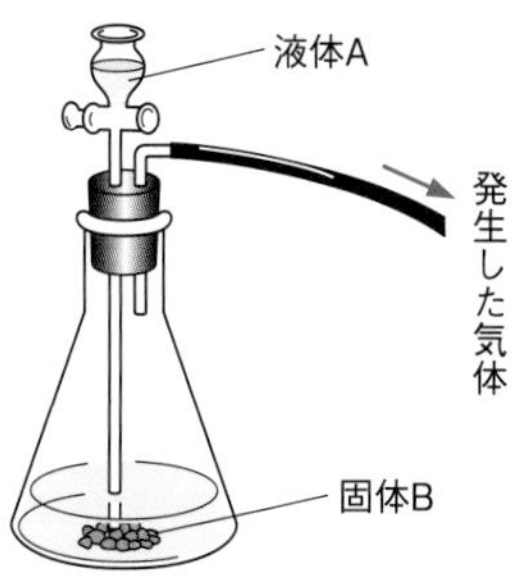

□ ❶ この装置で酸素を発生させるために固体Bとして二酸化マンガンを使った。液体Aには何を使うか。（　　　　）

□ ❷ 発生した酸素を集気びんに集め，火のついた線香を入れると，どうなるか。簡単に答えなさい。（　　　　）

□ ❸ 同じ装置で，液体Aとしてうすい塩酸，固体Bとして石灰石(せっかいせき)を使うと，発生する気体は何か。（　　　　）

□ ❹ ❸で発生した気体を集気びんに集め，石灰水を入れて振(ふ)ると石灰水はどうなるか。（　　　　）

ヒント ❶❶AとBは，水に対する性質，CとDは空気に対する性質である。

【アンモニアの発生と性質】

❸ 図１の装置で，アンモニアを発生させた。また，図２のように，アンモニアを集めた丸底フラスコに先を細くしたガラス管をつけたものを，フェノールフタレイン(溶)液を数滴たらした水中にさかさまに立てた。これについて，次の問いに答えなさい。

図１

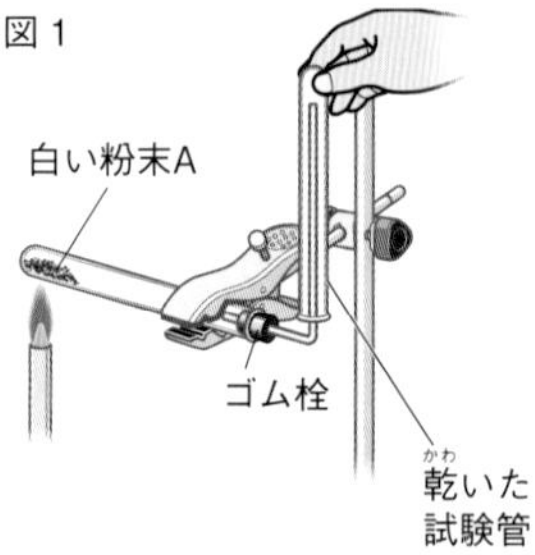

□ ❶ アンモニアの発生に使用した白い粉末Aは，何と何を混ぜたものか。

（　　　　　　）と（　　　　　　）

□ ❷ 白い粉末Aを入れた試験管は，図１のようにゴム栓をした口を下に向けてスタンドにセットしなくてはならない。その理由を簡単に答えなさい。

（　　　　　　）

図２

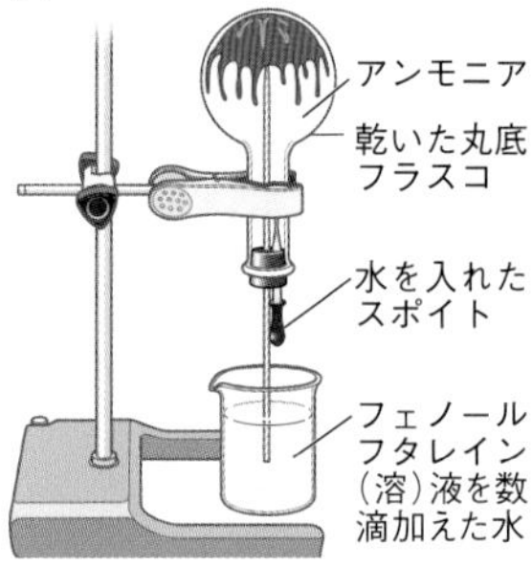

□ ❸ 図１のようにして発生したアンモニアを集める方法を何というか。

（　　　　　　）

□ ❹ 図２のようにしてスポイトの水を押し出すと，丸底フラスコ内に噴水のように水がふき上げられ，アンモニアがとけこんだ液が赤くなった。この色の変化からアンモニアには，どのような性質があるといえるか。

（　　　　　　）

□ ❺ 図２の水の中にBTB(溶)液を入れてこの実験をすると，丸底フラスコの中の水は何色になるか。（　　　　　　）

【気体の発生と性質】

❹ 図のような装置で気体を発生させた。これについて，次の問いに答えなさい。

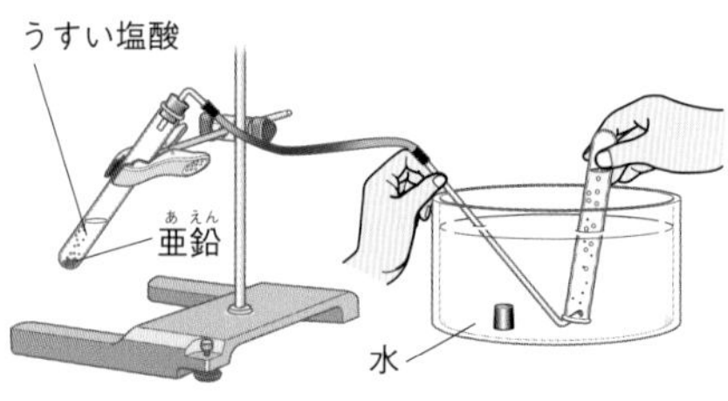

□ ❶ 発生した気体は何か。（　　　　　　）

□ ❷ 図のような集め方ができるのは，発生した気体にどのような性質があるからか。

（　　　　　　）

□ ❸ 次の㋐～㋓の中で，この気体の性質とちがうのはどれか。１つ選び，記号で答えなさい。（　　　　　　）

㋐ 音を立てて燃える。　㋑ 色もにおいもない。

㋒ 空気より重い。　㋓ 燃えると水ができる。

ヒント ❸❷物質を加熱すると，水蒸気（水）が発生することがある。

ミスに注意 ❹❸性質ではないものを選ぶ。

[解答▶p. 6]

【いろいろな気体】

❺ 次のA～Gの気体について，次の問いに答えなさい。

A 二酸化炭素　B 水素　C 酸素　D アンモニア
E 窒素　F 塩素　G 塩化水素

□ ❶ 次の㋐～㋖の性質の気体はどれか。A～Gの記号で答えなさい。

㋐ フェノールフタレイン(溶)液を赤くする。　(　　　)
㋑ 石灰水を白くにごらせる。　(　　　)
㋒ その気体の水溶液は，赤インクの色を消す。　(　　　)
㋓ 火をつけると音を立てて燃える。　(　　　)
㋔ 空気中に約21％ふくまれ，ものを燃やす。　(　　　)
㋕ 空気中に約78％ふくまれ，水にとけにくい。　(　　　)
㋖ 色はなく，刺激臭があり，水溶液は酸性を示す。　(　　　)

□ ❷ A～Dの気体について，発生に必要な薬品２種類と，集め方を下から選び，その記号や番号を表の中に書きなさい。

【薬品】

a 二酸化マンガン
b 水酸化カルシウム
c 塩酸
d 過酸化水素水
e 塩化アンモニウム
f 石灰石
g 亜鉛

気体	薬品	集め方
A		
B		
C		
D		

【集め方】

① 上方置換法
② 下方置換法
③ 水上置換法

□ ❸ ❷で，Dの気体を集めるとき，発生した水によって試験管が割れないようにするために，試験管をどのように設置するか。「試験管の口を」に続けて簡単に答えなさい。

試験管の口を（　　　　　　　　　　　　）

実験の操作や注意点について，まとめておこう。

ミスに注意 ❺❶気体の性質は，それぞれ整理しておく。

[解答▶p. 6]

Step 1 基本チェック　水溶液(1)

10分

■ 赤シートを使って答えよう！

❶ 物質のとけ方

□ 物質を水などの液体にとかしたとき，とけている物質を［ 溶質 ］といい，水のように溶質をとかす液体を［ 溶媒 ］という。

□ 溶質が溶媒にとけた液全体を［ 溶液 ］という。

□ 水が溶媒であるとき，その溶液を［ 水溶液 ］という。

□ 砂糖を水の中に入れると，［ 水 ］が砂糖の粒子と粒子の間に入る。やがて砂糖はばらばらになり，どの部分も濃さは［ 均一 ］になる。

□ 粒子の１つ１つは目に見えないので，液は［ 透明 ］になる。

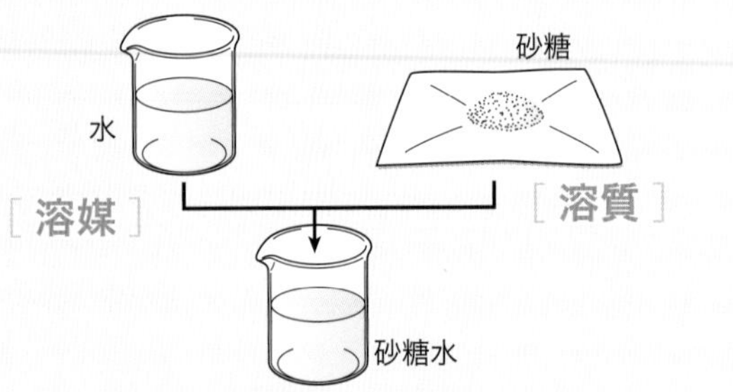

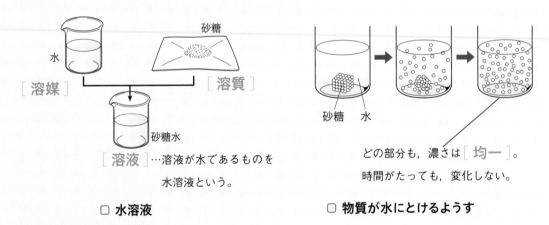

［ 溶液 ］…溶液が水であるものを水溶液という。

□ 水溶液

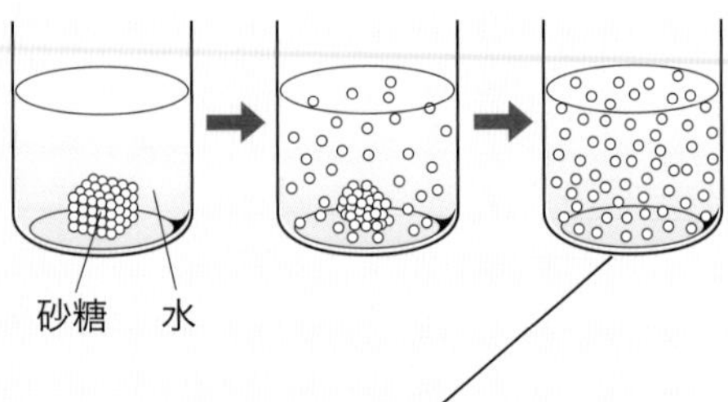

どの部分も，濃さは［ 均一 ］。
時間がたっても，変化しない。

□ 物質が水にとけるようす

❷ 濃さの表し方

□ 溶液の濃さは，［ 溶液 ］の質量に対する溶質の質量の割合で表すことができる。この割合を百分率で示したものを［ 質量パーセント濃度 ］という。

$$\text{質量パーセント濃度〔\%〕} = \frac{［\text{ 溶質 }］\text{の質量〔g〕}}{［\text{ 溶液 }］\text{の質量〔g〕}} \times 100$$

$$= \frac{\text{溶質の質量〔g〕}}{\text{溶質の質量〔g〕} + ［\text{ 溶媒 }］\text{の質量〔g〕}} \times 100$$

テストに出る　質量パーセント濃度を求める式は，覚えておこう。

Step 2 予想問題 水溶液(1)

20分
(1ページ10分)

【 物質が水にとけるようす 】

❶ 図のように，水に砂糖(さとう)をとかして砂糖水をつくった。これについて，次の問いに答えなさい。

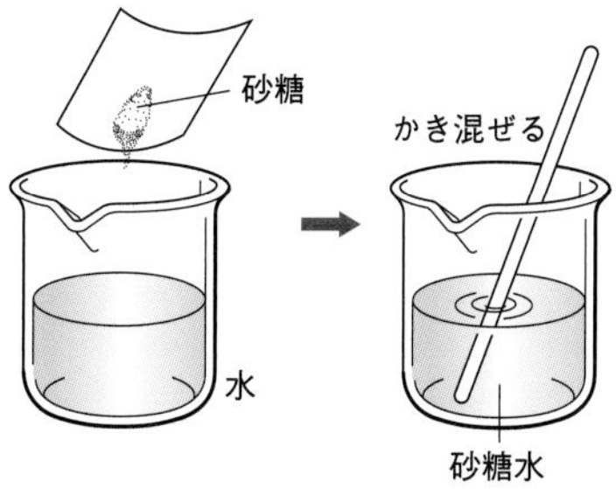

□ ❶ 砂糖のように，水にとけている物質を何というか。 (　　　)

□ ❷ 水のように，物質をとかしている液体を何というか。 (　　　)

□ ❸ 水に砂糖を入れてそのまま放置しておいても砂糖はとけていくが，とかすときにかき混ぜたのはなぜか。

(　　　　　　　　　　　　　　　　　　　　)

□ ❹ 砂糖水の中では，とけている砂糖の粒(つぶ)はどのようになっているか。㋐～㋓のモデル図の中から正しいものを選びなさい。 (　　　)

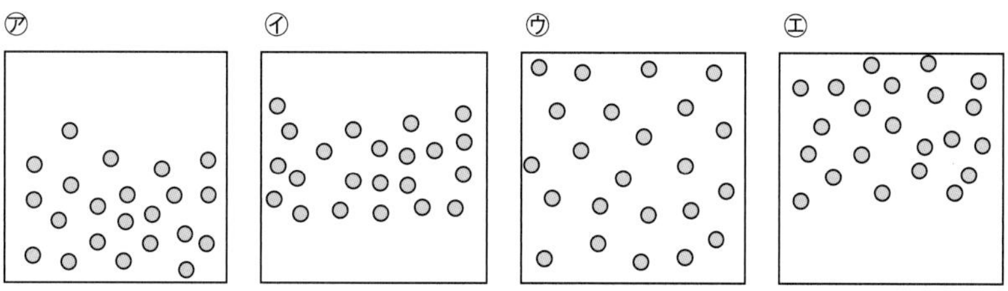

モデル図は，実際には
目に見えない粒を
大きく表しているよ。

□ ❺ すべての水溶液(すいようえき)に共通する特徴(とくちょう)を，次の㋐～㋓から１つ選び，記号で答えなさい。 (　　　)

㋐ においはない。
㋑ 水を蒸発(じょうはつ)させると固体が残る。
㋒ 透明(とうめい)である。
㋓ 無色である。

□ ❻ この砂糖水を長い時間放置しておくとどうなるか。次の㋐～㋒から１つ選び，記号で答えなさい。 (　　　)

㋐ 砂糖の粒が上のほうに集まる。
㋑ 砂糖の粒が下のほうに集まる。
㋒ 砂糖の粒は全体に広がったままである。(変わらない。)

□ ❼ できた砂糖水が，水120 gに砂糖を20 gとかしたものである場合，砂糖水の質量は何 g になるか。 (　　　　g)

ヒント ❶❺色がついていても，すき通っていて，向こう側が見えるようすを透明という。

ミスに注意 ❶❼溶液の質量は，溶媒(ようばい)の質量と溶質の質量の和である。

[解答▶p. 7]

【水溶液の性質】

❷ 水を100cm³入れたビーカーを3つ用意して，その中にコーヒーシュガー，食塩，デンプン（かたくり粉）を3gずつ別々に入れ，よくかき混ぜた。このうち2つのビーカーは透明になったが，残りの1つは白色ににごった。透明になったもののうち，一方のビーカーの中の水に色がついた。これについて，次の問いに答えなさい。

□ ❶ 白色ににごったビーカーには，何を入れたのか。

（　　　　　）

□ ❷ 何を入れたビーカーの水に色がついたのか，また，そのときの色は何色か，答えなさい。

物質名（　　　　　）　色（　　　　　）

□ ❸ この3つのビーカーの中の液体のうち，水溶液といえるものはいくつあるか，そのように判断した理由も答えなさい。

数（　　　　　）　理由（　　　　　　　　　　）

□ ❹ この3つのビーカーをラップフィルムでふたをして，長時間温度を変えないようにして静かに置いておくと，どのようになるか。次の㋐～㋒から1つ選び，記号で答えなさい。（　　　　）

㋐ コーヒーシュガー，食塩，デンプンの粒がビーカーの底にたまる。

㋑ デンプンの粒はビーカーの底にたまるが，コーヒーシュガーと食塩はとけたままである。

㋒ コーヒーシュガー，食塩，デンプンのいずれも，とけて粒は見えなくなる。

【質量パーセント濃度(のうど)】

❸ 水溶液の濃(こ)さについて，次の問いに答えなさい。

□ ❶ 100gの水に25gの塩化ナトリウムを入れてとかしたら，塩化ナトリウムは全部とけた。この塩化ナトリウム水溶液の濃さは何%か。

（　　　　　%）

□ ❷ 10%の塩化ナトリウム水溶液を100gつくるには，何gの水に塩化ナトリウムをとかせばよいか。（　　　　　g）

□ ❸ 14gの砂糖を106gの水にとかした砂糖水と，20%の砂糖水が80gある。この2つの砂糖水を混ぜると，何%の砂糖水になるか。

（　　　　　%）

ヒント ❷❶コーヒーシュガーは，茶色をしている。

❸❸砂糖の質量と水の質量を求める。

[解答▶p. 7]

Step 1 基本チェック　水溶液（2）

10分

赤シートを使って答えよう！

❸ 溶質のとり出し方

- □ 物質が液体にとける限度までとけている状態を［飽和］といい，その水溶液を［飽和水溶液］という。
- □ 一定の量（100 g）の水にとける限度まで物質をとかしたときの，とけた物質の質量の値を，その物質の［溶解度］といい，物質の［種類］と［温度］によって決まっている。
- □ 溶解度と温度との関係を表したグラフを［溶解度曲線］という。
- □ ろ紙などを使って，液体にとけていない固体と液体を分けることを［ろ過］という。
- □ 規則正しい形の固体を［結晶］という。
- □ 物質を水などの溶媒にとかして，溶液からその物質を再び結晶としてとり出すことを［再結晶］という。
- □ いくつかの物質が混ざり合ったものを［混合物］という。
- □ 1種類の物質でできているものを［純物質（純粋な物質）］という。

ろ紙の穴（あな）よりも小さい粒子（りゅうし）は，ろ紙を通りぬけるよ。

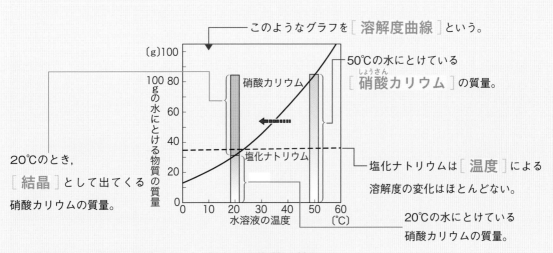

このようなグラフを［溶解度曲線］という。

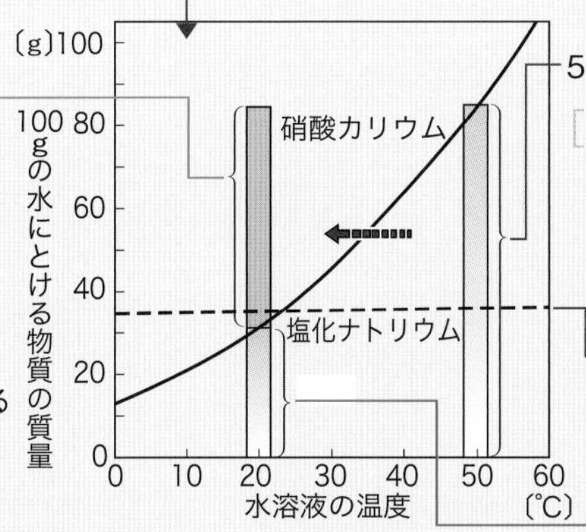

50℃の水にとけている［硝酸カリウム］の質量。

20℃のとき，［結晶］として出てくる硝酸カリウムの質量。

塩化ナトリウムは［温度］による溶解度の変化はほとんどない。

20℃の水にとけている硝酸カリウムの質量。

- □ **溶解度と水溶液の温度を下げて得られる物質の質量**

テストに出る　ろ過のしかたや，温度を下げて出てくる結晶の量を求める方法を覚えておこう。

Step 2 予想問題 水溶液(2)

20分
（1ページ10分）

【物質が水にとける量】

❶ 表は，100gの水にミョウバンがとける量と温度との関係を表したものである。これについて，次の問いに答えなさい。

温度〔℃〕	0	20	40	60	80
とける量〔g〕	6	11	24	58	320

□ ❶ 80 ℃の水100 gにミョウバン50 gをとかした。ミョウバンをあと何 gまでとかすことができるか。（　　　　g）

□ ❷ 40 ℃の水50 gにミョウバンをとけるだけとかした。ミョウバンは何 gとけるか。（　　　　g）

□ ❸ 80 ℃の水100 gにミョウバンを50 gとかし，それからその水溶液(すいようえき)を40 ℃まで冷やすと，何 gのミョウバンが出てくるか。（　　　　g）

□ ❹ 60 ℃の水50 gにミョウバンをとけるだけとかし，それからその水溶液を40 ℃まで冷やすと，何 gのミョウバンが出てくるか。（　　　　g）

□ ❺ 一定の量の水にとける限度まで物質をとかしたときの，とけた物質の質量の値を，その物質の何というか。（　　　　）

□ ❻ 物質が❺の量までとけている水溶液を何というか。（　　　　）

□ ❼ 出てきたミョウバンの粒(つぶ)は規則正しい形をしていた。このような規則正しい形の固体のことを何というか。（　　　　）

□ ❽ ❼の粒をとり出すために，図のような操作(そうさ)をした。

① 右の図の操作を何というか。（　　　　）

② 図のやり方で，まちがっている点が２つある。どこがどのようにまちがっているか，簡単(かんたん)に説明しなさい。

（　　　　）

（　　　　）

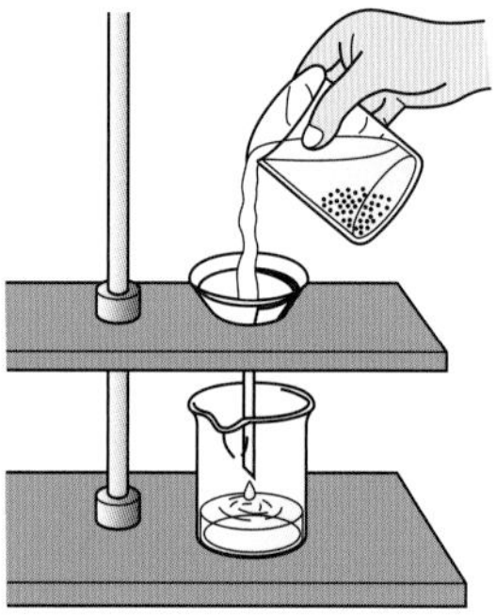

ミスに注意 ❶❷❹水の量が50 gであることに注意する。

ヒント ❶❽水溶液を静かにそそぎ，はねずに集まるようにする。

[解答▶p. 8]

【溶解度曲線(ようかいどきょくせん)】

❷ 図は，100 gの水にとける塩化ナトリウムと硝酸(しょうさん)カリウムの質量を水の温度ごとに表したグラフである。これについて，次の問いに答えなさい。

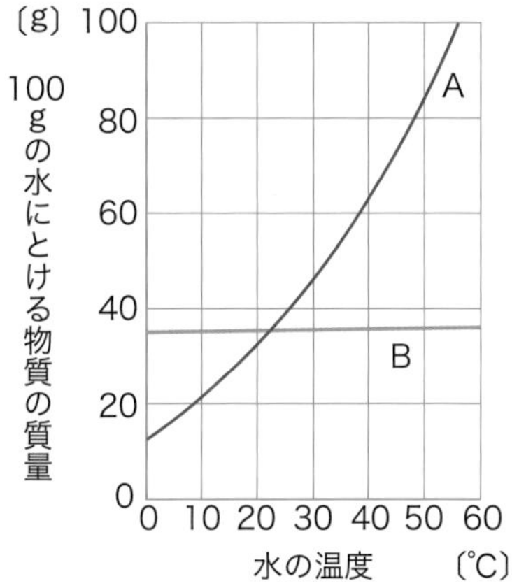

□ ❶ AとBはそれぞれ何の物質の溶解度を示しているか。

A（　　　　　）
B（　　　　　）

□ ❷ 水の温度が10 ℃のとき，AとBのどちらが多く水にとけるか。（　　　）

□ ❸ 水の温度が40 ℃のとき，AとBをそれぞれとけるだけとかした。この水溶液を20 ℃まで冷やしたとき，粒がたくさん出てくるのは，AとBのどちらか。（　　　）

出てきた粒は，物質によって特有の形をしているよ。

□ ❹ Bの粒をとり出すには，どのようにすればよいか，簡単に説明しなさい。

（　　　　　　　　　　　　　　　　　　　　）

□ ❺ ❹でとり出した塩化ナトリウムの粒をルーペで観察すると，どのように見えるか。下のㇵ～㊁から選び，記号で答えなさい。（　　　）

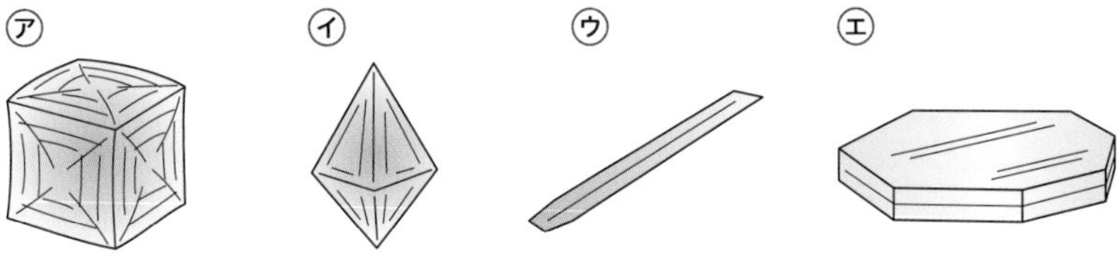

□ ❻ 物質をいったん水などにとかし，再び❺のような粒でとり出すことを何というか。（　　　　）

【混合物と純物質(じゅんぶっしつ)（純粋(じゅんすい)な物質）】

❸ 次の[　]の中の物質について，次の問いに答えなさい。

㋐ 海水　㋑ 炭酸水　㋒ 水銀　㋓ 空気　㋔ 水素

□ ❶ 上の㋐～㋔の物質のうち，いくつかの物質が混じり合ったものはどれか。すべて選び，記号で答えなさい。（　　　　　）

□ ❷ ❶の下線部のようなものを何というか。（　　　　）

□ ❸ 1種類の物質でできているものを何というか。（　　　　）

ミスに注意　❷❷グラフから読みとろう。

ヒント　❸❶炭酸水は，水に二酸化炭素がとけたものである。

Step 1 基本チェック 状態変化（1）

10分

赤シートを使って答えよう！

❶ 物質のすがたの変化

□ 物質が［固体］，液体，［気体］の間で状態を変えることを［状態変化］という。

□ 物質が状態変化すると，体積は変化するが，［質量］は変化しない。

□ 物体を加熱したとき，物質をつくる粒子の［数］は変化しないので，［質量］は変化しないが，粒子どうしの間隔が広くなるため，体積は［大きく］なる。

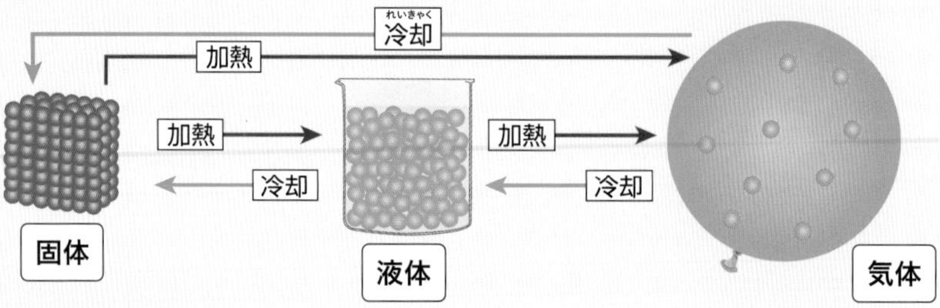

□ 状態変化

❷ 状態変化と温度

□ 液体が沸騰して気体に変化するときの温度を［沸点］という。

□ 固体がとけて液体に変化するときの温度を［融点］という。純物質（純粋な物質）が状態変化している間は，加熱し続けても温度は［一定］である。

□ 物質の沸点と融点は，物質の［種類］によって決まっている。

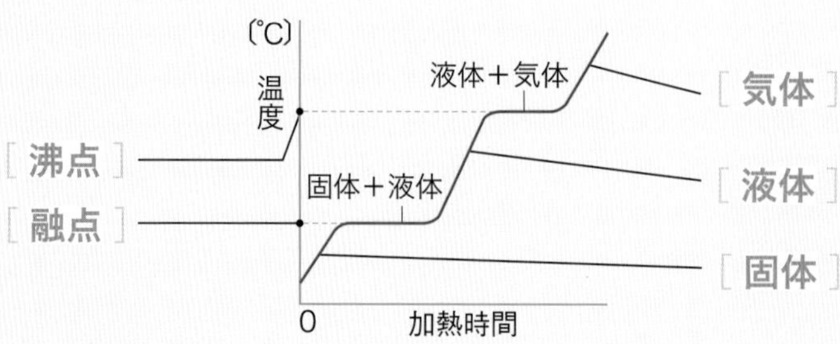

固体から液体に，液体から気体に変化している間は，温度は一定である。

□ 沸点と融点

テストに出る　固体から液体へ，液体から気体へ変化しているときは，温度が変化しないことに注意。

Step 2 予想問題　状態変化 (1)

20分 (1ページ10分)

【 物質の状態変化 】

❶ 図は，温度を変えたときの物質の変化を表した模式図（もしきず）である。これについて，次の問いに答えなさい。

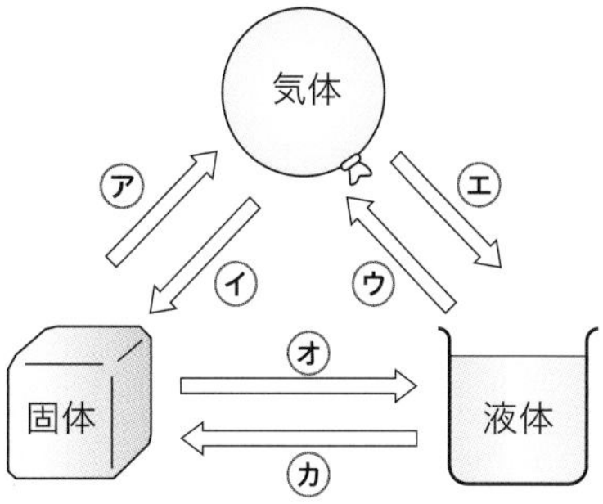

□ ❶ 図のような変化を何というか。 (　　　　)

□ ❷ 図のア～カの矢印のうち，加熱による変化を表しているものをすべて選び，記号で答えなさい。 (　　　　)

□ ❸ ウの変化が起きるとき，体積はどのように変化するか。 (　　　　)

□ ❹ 図のような変化があっても変わらないのは，物質の何か。 (物質の　　　　)

□ ❺ ドライアイスが，二酸化炭素の気体に変化するのは，図のア～カのどの変化か。記号で答えなさい。 (　　)

□ ❻ 水がカの変化をするとき，体積はどうなるか。 (　　　　)

【 粒子（りゅうし）のモデルで考えた状態変化 】

❷ ア～ウの図は，ある物質の状態を粒子のモデルで表したものである。○は物質をつくる粒子である。これについて，次の問いに答えなさい。

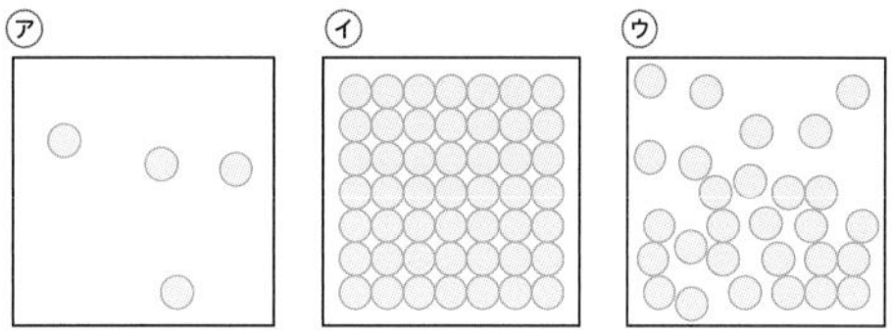

□ ❶ 固体，液体，気体の状態を表している図をア～ウから選び，記号で答えなさい。

① 固体 (　　)　② 液体 (　　)　③ 気体 (　　)

□ ❷ 図の正方形の枠がそれぞれ同じ大きさを示しているものとすると，密度（みつど）がいちばん大きいものをア～ウから選び，記号で答えなさい。 (　　)

密度とは，一定の体積あたりの物質の質量のことだったね。

□ ❸ 粒子の運動がもっとも激（はげ）しいものをア～ウから選び，記号で答えなさい。 (　　)

□ ❹ 固体から液体になるとき，粒子の運動のようすはどう変わるか。簡単（かんたん）に説明しなさい。

(　　　　　　　　)

ヒント ❶❺ドライアイスは，二酸化炭素が固体になったものである。

ミスに注意 ❷❸粒子の運動と，粒子どうしの間隔（かんかく）がどうなっているか考えよう。

【 エタノールが沸騰する温度 】

❸ 図1のような装置で，エタノールを加熱し，1分ごとに温度をはかったところ，図2のようなグラフになった。これについて，次の問いに答えなさい。

図1

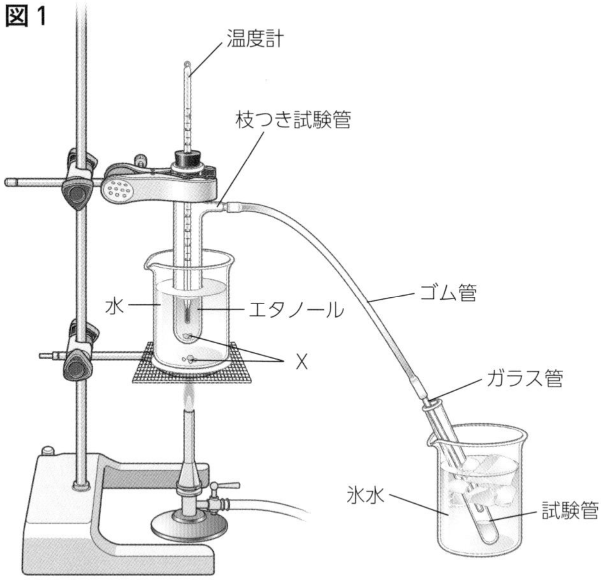

□ ❶ 図1では，枝つき試験管とビーカーのそれぞれに，Xを入れた。このXを何というか。（　　　　）

□ ❷ ❶のXは何のために入れるか。

（　　　　　　　　　　　）

□ ❸ 図2のAでは，エタノールはどのような状態か。次の㋐～㋔から選びなさい。（　　）

㋐ 固体
㋑ 固体と液体
㋒ 液体
㋓ 液体と気体
㋔ 気体

図2

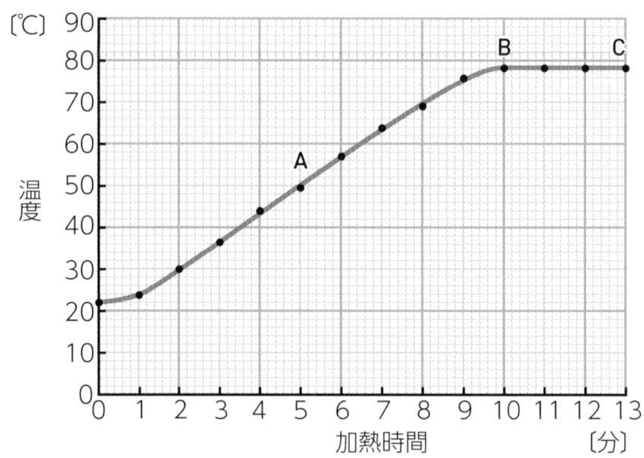

□ ❹ 図2のBC間は，温度が78℃でほぼ一定であった。この温度を，エタノールの何というか。（　　　　）

□ ❺ 図1の，氷水につけた試験管にたまった液体が，枝つき試験管のほうに逆流するのを防ぐために，ガスバーナーの火を消す前に確認しなければならないことは何か。簡単に書きなさい。

（　　　　　　　　　　　　　　　　　　）

【 物質の状態 】

❹ 表を見て，次の問いに答えなさい。

物質	融点〔℃〕	沸点〔℃〕
A	1538	2862
B	−39	357
C	63	360
D	−115	78
E	−218	−183

□ ❶ 20℃で液体の物質を，A～Eからすべて選びなさい。

（　　　　　）

□ ❷ A～Eのうち，酸素と考えられるのはどれか。（　　）

ヒント ❸❻熱せられた枝つき試験管の中に冷たい液体が入ると，試験管が割れるおそれがある。

ミスに注意 ❹❶融点・沸点と物質の状態の関係を覚えておこう。

[解答▶p. 9]

Step 1 基本チェック　状態変化(2)

10分

赤シートを使って答えよう！

❸ 混合物の分け方

- □ 混合物を加熱すると，[融点] や沸点は決まった温度にならない。また，温度変化のようすも，混合の割合によって変わってくる。
- □ 水とエタノールの混合物を加熱して出てきた液体の１本目は，火を近づけるとよく [燃える]。これは，はじめに出てくる気体の中に，水よりも [沸点] の低い [エタノール] が多くふくまれているからである。
- □ 液体を加熱して沸騰させ，出てくる気体を冷やして再び液体にして集めることを [蒸留] という。物質は，種類によって沸点がちがっているため，混合物中の物質の沸点のちがいにより，物質を分離することができる。

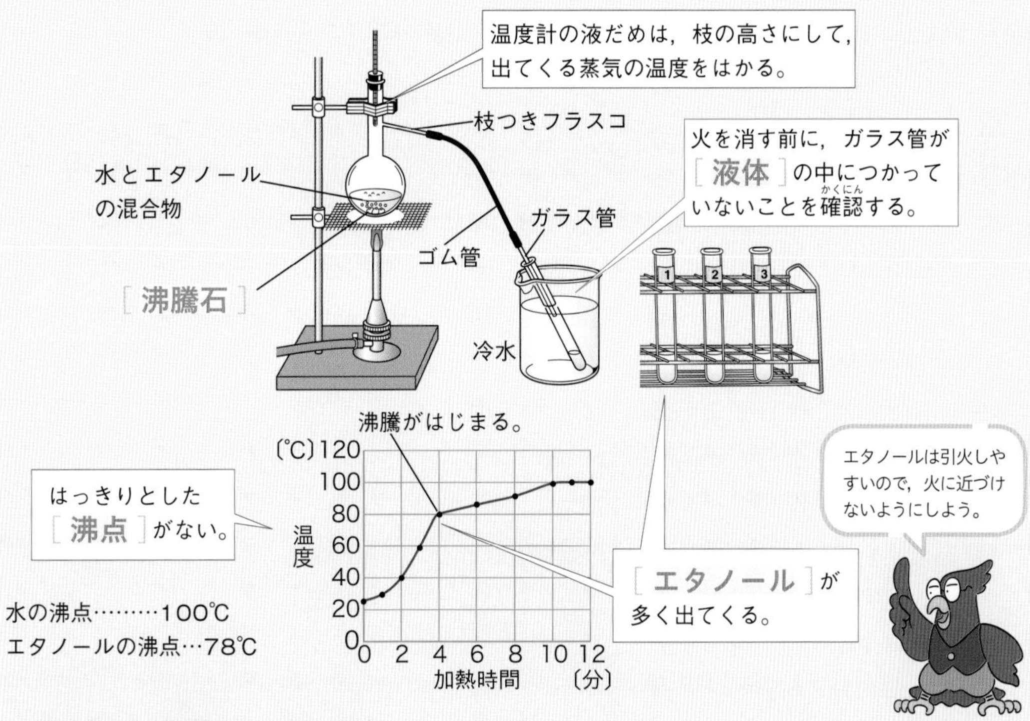
温度計の液だめは，枝の高さにして，出てくる蒸気の温度をはかる。
枝つきフラスコ
水とエタノールの混合物
火を消す前に，ガラス管が [液体] の中につかっていないことを確認する。
ガラス管
ゴム管
[沸騰石]
冷水
1
2
3
沸騰がはじまる。
(℃)
温度
120
100
80
60
40
20
0
0
2
4
6
8
10
12
加熱時間
(分)
はっきりとした [沸点] がない。
水の沸点………100℃
エタノールの沸点…78℃
[エタノール] が多く出てくる。
エタノールは引火しやすいので，火に近づけないようにしよう。

- □ **混合物から物質をとり出す方法**

テストに出る　混合物を加熱したときのグラフの特徴や，実験の注意は覚えておこう。

Step 2 予想問題　状態変化(2)

20分（1ページ10分）

【混合物の分離】

❶ 水とエタノールの混合物を図1のような装置で加熱し，出てくる物質を試験管に集めた。液体が2 cm³集まるごとに試験管をとりかえ，A，B，Cの順に液体を集めた。この液体をそれぞれ蒸発皿に移し，マッチの火を近づけると，次のような結果になった。これについて，次の問いに答えなさい。

図1

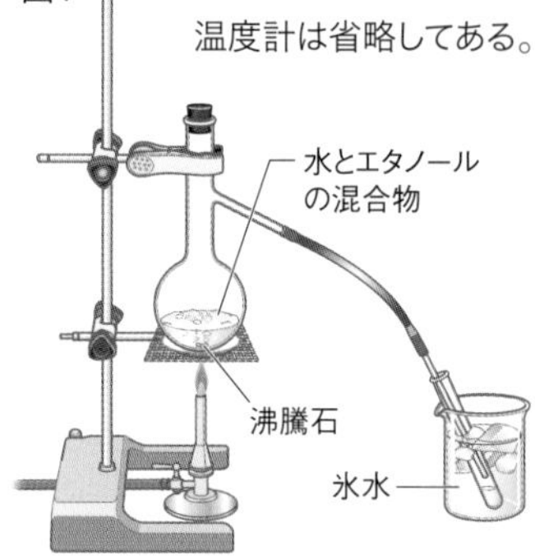

> A　火が長く燃え続け，消えたあとにはほとんど何も残らなかった。
> B　火が少しの間燃え，消えたあとには液体が少量残った。
> C　火はついたがすぐ消え，液体がほとんどそのまま残った。

□ ❶ 図1のように，液体を加熱して沸騰させ，出てくる気体を冷やして再び液体にして集めることを何というか。（　　　　　）

□ ❷ ❶では，混合物を分離するために，物質の何のちがいを利用しているか。

（　　　　　）

□ ❸ この実験における蒸気の温度の変化を調べるには，温度計の液だめをどの位置にしてとりつければよいか。図2に・印をかきなさい。

図2

□ ❹ 試験管A，B，Cに集めた液体についてまとめた次の文の（　）の中に，適切な言葉を書きなさい。

A，B，Cはともに水とエタノールの（ア　　　　　）で，水がふくまれている割合は，（イ　　　　）がもっとも多く，（ウ　　　　）がもっとも少ない。

□ ❺ 温度計を正確にとりつけ，蒸気の温度をはかり，加熱時間との関係をグラフにすると，図3のようになった。純物質（純粋な物質）を加熱したときとのちがいを簡単に説明しなさい。

（　　　　　　　　　　　　　　　　）

図3

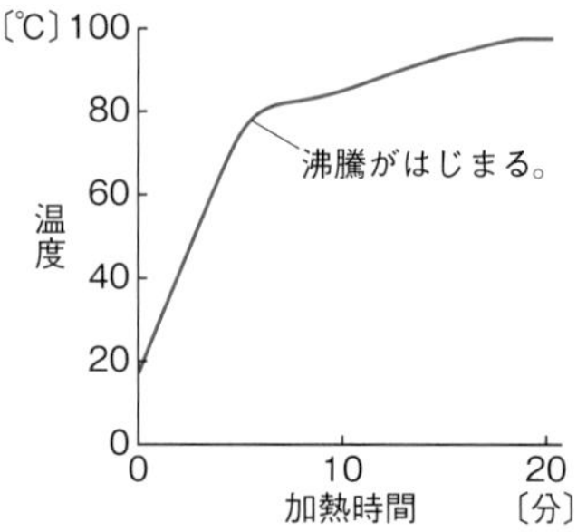

ヒント　❶❸蒸気の温度なので，液体につけないようにする。

ミスに注意　❶❺混合物のグラフの特徴について答える。

［解答▶p.10］

【赤ワインの分離】

❷ 図のような装置で，赤ワイン12 mLを弱火で加熱した。3本の試験管A，B，Cの順に約1 mLずつ液体を集めた。これについて，次の問いに答えなさい。

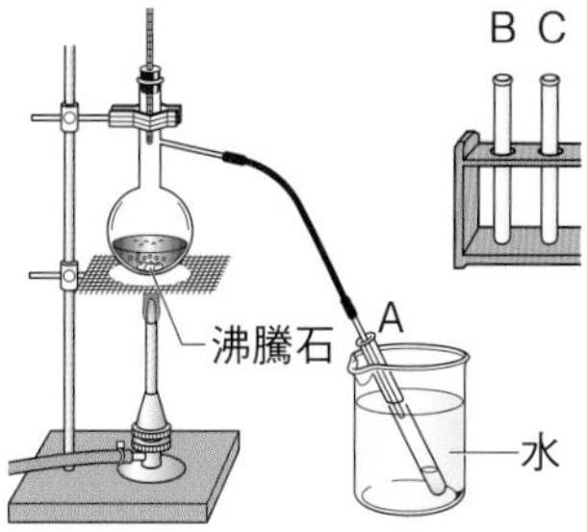

□ ❶ 試験管A，B，Cの液体は何色か，㋐〜㋒から選びなさい。（　　）

㋐ 赤色　㋑ 白色　㋒ 無色透明（とうめい）

□ ❷ 試験管A，B，Cの液体のにおいをそれぞれかいだ。においをかぐときはどのようにするか。（　　）

□ ❸ ❷のとき，つんとした特有のにおいがもっとも強いのは，試験管A，B，Cのどの液体か。記号で答えなさい。（　　）

□ ❹ 試験管A，B，Cの液体をそれぞれ脱脂綿（だっしめん）につけ火をつけた。いちばん激しく燃えたのはどれか。記号で答えなさい。（　　）

□ ❺ 水をいちばん多くふくんでいる液体は，試験管A，B，Cのどの液体か。記号で答えなさい。（　　）

□ ❻ 実験の結果から，エタノールと水の沸点（ふってん）について，どんなことがわかるか。

（　　）

【石油の蒸留（じょうりゅう）】

❸ 図は，石油（原油）からガソリンや灯油などをとり出すための装置を模式的（もしきてき）に表したものである。これについて，次の問いに答えなさい。

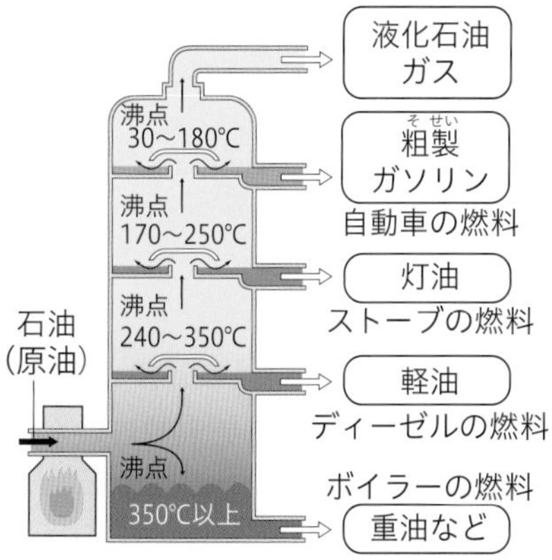

□ ❶ この装置では，いくつかの棚（たな）があり，それぞれからガソリンや灯油などがとり出される。上の棚ほど，沸点はどうなっているか。

（　　）

□ ❷ 石油は純物質（純粋な物質）か，混合物か。

（　　）

石油（原油）を用途（ようと）に分けて取り出したり，有害な物質をとり除（のぞ）いたりしているよ。

ヒント ❷❺エタノールの沸点は約78 ℃，水の沸点は100 ℃である。

Step 3 予想テスト

身のまわりの物質

30分　/100点　目標 70点

❶ 物体㋐～㋘の体積と質量をはかり，グラフにまとめた。これについて，次の問いに答えなさい。 技 思

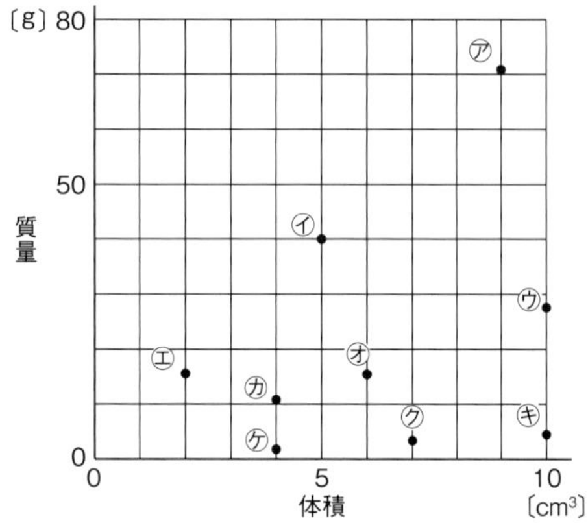

□ ❶ グラフは，測定値をかき入れたものである。直線または曲線をかき加えて，グラフを完成させなさい。

□ ❷ ❶で得られたグラフから，少なくとも何種類の物質であることがわかるか。

□ ❸ 水に浮かび，もっとも体積が大きいものはどの物体か。㋐～㋘から選び，記号で答えなさい。

□ ❹ 物体㋐は何からできているか。次の密度の表から選びなさい。

物質名	鉄	銅	鉛	アルミニウム	ひのき	ポリエチレン
密度〔g/cm³〕	7.9	9.0	11	2.7	0.44	0.92

❷ グラフは，硝酸カリウムを水100 gにとかしたときの温度ととける量の関係を表したものである。これについて，次の問いに答えなさい。 技

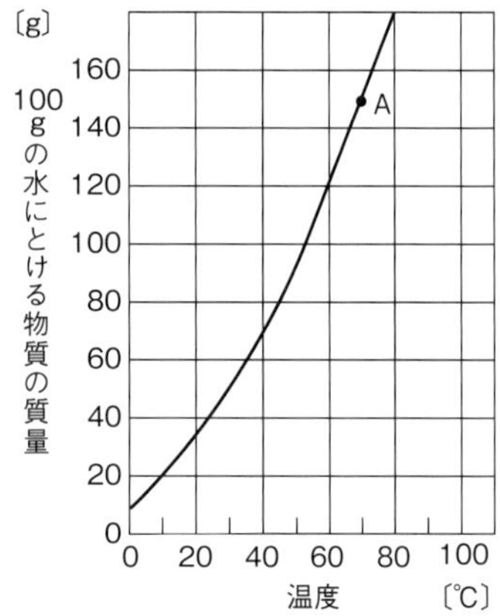

□ ❶ このような曲線を何というか。

□ ❷ 60 ℃の水150 gに，硝酸カリウムは何gとけるか。

□ ❸ 60 ℃の水に硝酸カリウムをじゅうぶんとかした飽和水溶液が55 gある。この水溶液の中に硝酸カリウムが何gとけているか。

□ ❹ 水100 gに硝酸カリウムをとかし，グラフの中のAと同じ状態にした。この水溶液を10 ℃まで冷やしたところ，硝酸カリウムの結晶が出てきた。

① このように結晶をとり出す方法を何というか。

② 結晶をとり出すために，ろ過を行った。正しい操作を行っているのは，右の㋐～㋓の中のどれか。

③ このときにとり出した硝酸カリウムの結晶は何gか。

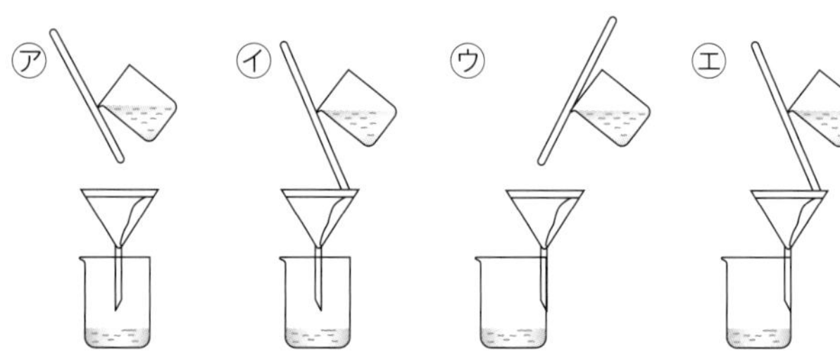

❸ 次のA～Eの性質をもつ5種類の気体について，次の問いに答えなさい。

A 消火剤にも利用され，石灰水を白くにごらせる。

B 鼻をさすようなにおいがあり，水によくとけ，空気より軽い。

C 空気より軽く，空気中で燃やすと水ができる。

D 色もにおいもなく，ものを燃やすはたらきがある。

E 黄緑色の気体で，殺菌作用や漂白作用がある。

□ ❶ A～Eの気体は次の㋐～㋔のどれか。1つずつ選び，記号で答えなさい。

㋐ 塩素　㋑ 水素　㋒ 酸素　㋓ 二酸化炭素　㋔ アンモニア

□ ❷ A～Eの気体のうち，水上置換法で集めることができるものをすべて選び，記号で答えなさい。

❹ 図1のような装置で，パルミチン酸を加熱したところ，図2のような温度変化を示した。これについて，次の問いに答えなさい。 思

□ ❶ パルミチン酸が，すべてとけ終わるのは，A～Eのどの時点か。

□ ❷ BD間は温度が63℃でほぼ一定であった。この温度を，パルミチン酸の何というか。

得点UP □ ❸ パルミチン酸の量を2倍にして同じ実験をしたら，❷の温度はどうなるか。

図1

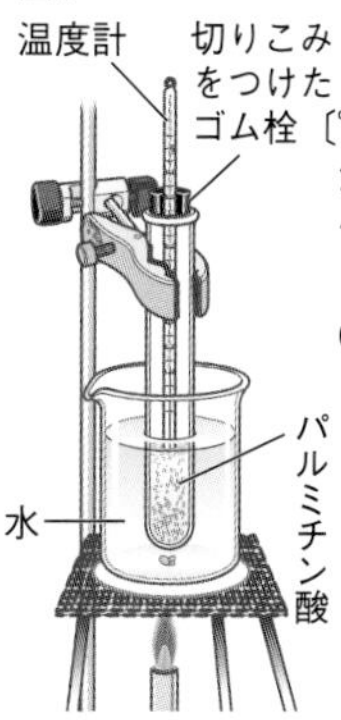

図2

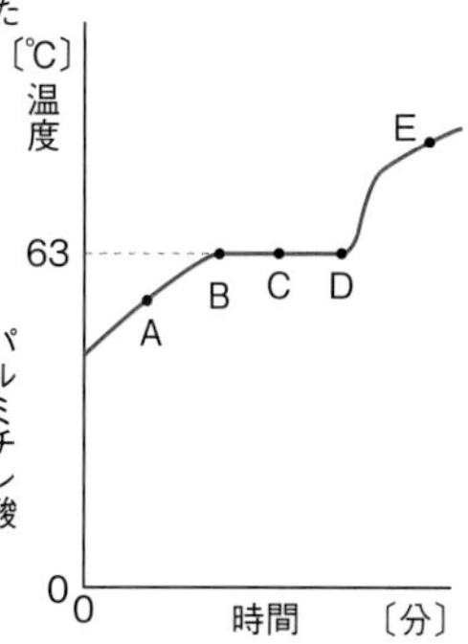

解答欄

❶ 各5点　❶

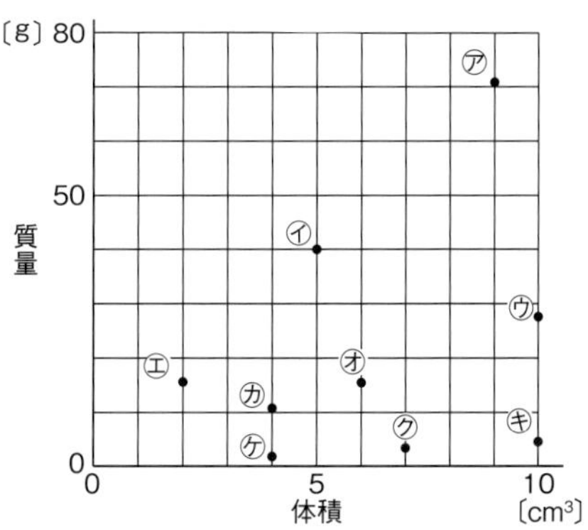

❶	❷		
	❸		
	❹		
❷ 各5点	❶		
	❷		g
	❸		g
	❹	①	
		②	
		③	g

❸ 各5点	❶ A	B	C	D	E
	❷				
❹	❶ 5点	❷ 5点			
	❸ 10点				

❶ ／20点　❷ ／30点　❸ ／30点　❹ ／20点

[解答▶p.11]

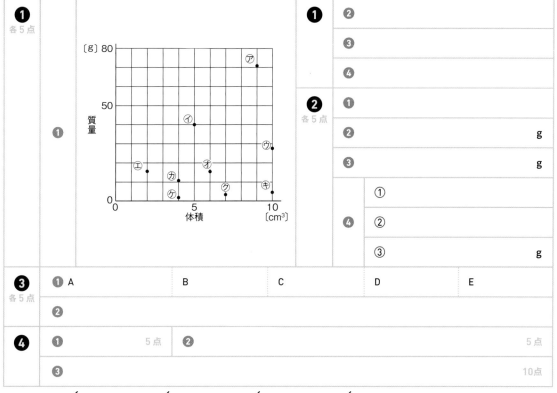

Step 1 基本チェック

身近な地形や地層の観察

10分

赤シートを使って答えよう！

❶ 身近な大地の変化

□ 地球の表面には，厚さ数10～約100kmの，かたい板状の岩石のかたまりがある。この岩石のかたまりを［プレート］といい，地球の表面に十数枚ある。この岩石のかたまりが，地球内部の高温の岩石の上を動いている。

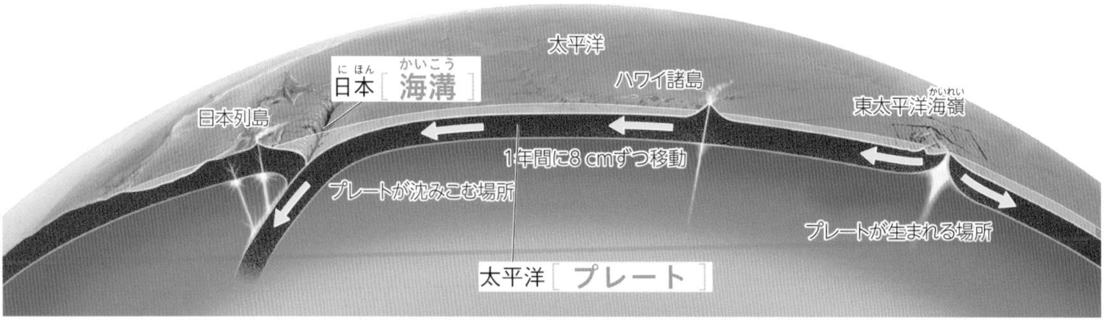

□ プレートの動き

□ 大地がもち上がることを［隆起］といい，大地が沈むことを［沈降］という。

□ 大地が，長期間大きな力を受けて，波打ったように曲がったつくりを［しゅう曲］といい，大地が，大きな力によって割れて動いたときにできるずれを［断層］という。

□ 地層や岩石などが地表に現れている崖などを，［露頭］という。

□ 地層は，れき，砂，泥や火山灰，化石などをふくむことがある。れき・砂・泥は，粒の［大きさ］（直径）によって区別される。

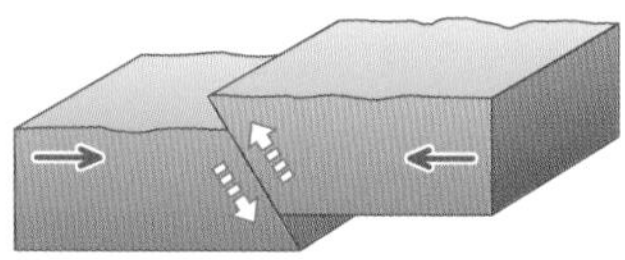

□ 断層（逆断層）

粒の種類	粒の大きさ
［れき］	大きい
［砂］	2mm
［泥］	$\frac{1}{16}$mm★　小さい

★約0.06mm

□ れき・砂・泥の区別

❷ 地域の大地の観察

□ 岩石などを採取するときは，周囲に［人］や傷つきやすいものがないか，上からの落石がないかを確認する。

□ 腰より低い位置で，岩石ハンマーの［平ら］な面を，岩石などに打ち当てるようにする。

□ 岩石ハンマーを使うときには，作業用手袋や保護眼鏡を着用する。

テストに出る　大地に力が加わって，大地が変化してできるものは覚えておこう。

Step 2 予想問題 身近な地形や地層の観察

10分（1ページ10分）

【大地の変化】

❶ 図は，大地に大きな力がはたらいたときにできた，地層（ちそう）の変化を示している。次の問いに答えなさい。

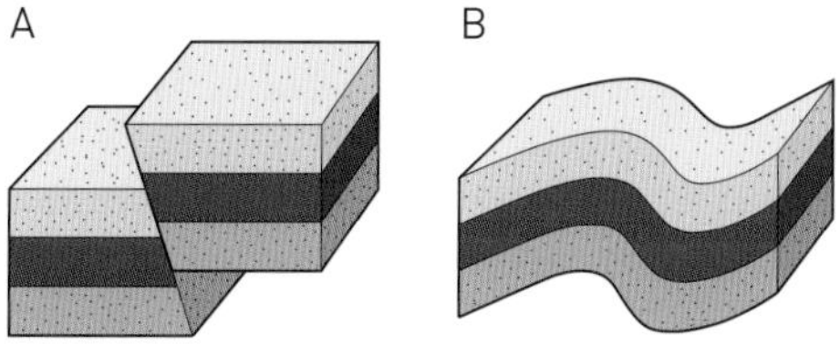

□ ❶ 図のA，Bをそれぞれ何というか。

A（　　　）　B（　　　）

□ ❷ 地球の表面は，十数枚（まい）の岩盤（がんばん）におおわれていて，内部の高温の物質の上を動いている。このような岩盤を何というか。（　　　）

□ ❸ 大地の変化のうち，大地が沈（しず）むことを何というか。（　　　）

【大地の観察】

❷ 図は，ある露頭（ろとう）を観察したときのスケッチである。次の問いに答えなさい。

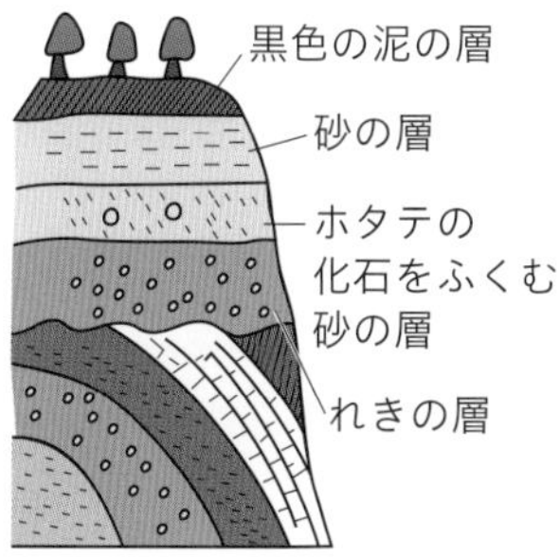

□ ❶ 岩石を採取するために岩石ハンマーを使用した。このとき必ず作業用手袋（てぶくろ）と保護眼鏡を着用する。保護眼鏡を着用するのは何を防ぐためか。

（　　　）

□ ❷ 露頭に見られる地層をつくっている泥（どろ），砂（すな），れきのうち，もっとも粒（つぶ）が小さいものはどれか。（　　　）

□ ❸ ホタテの化石がみつかった砂の層は，堆積（たいせき）した当時はどこであったと考えられるか。次の㋐，㋑から選びなさい。（　　　）

㋐ 海の底

㋑ 川の底

□ ❹ ❸の場所でできた化石が，地上の露頭で見つかるのは，大地がもち上がったからだと考えられる。このように大地がもち上がることを何というか。（　　　）

ミスに注意　❷❶理由を問われているので，「～ため。」のように答える。

ヒント　❷❸現在，ホタテがすんでいる場所を考える。

［解答▶p.13］

Step 1 基本チェック　地震の伝わり方と地球内部のはたらき

10分

赤シートを使って答えよう！

❶ ゆれの発生と伝わり方

□ 最初に岩石が破壊された場所を［震源(しんげん)］といい，その真上の地表の地点を［震央(しんおう)］という。

□ 地震のゆれのうち，はじめの小さなゆれを［初期微動(しょきびどう)］，後からくる大きなゆれを［主要動(しゅようどう)］という。

□ 初期微動がはじまってから主要動がはじまるまでの時間を［初期微動継続時間(しょきびどうけいぞくじかん)］といい，震源距離(きょり)が長いほど長くなる。

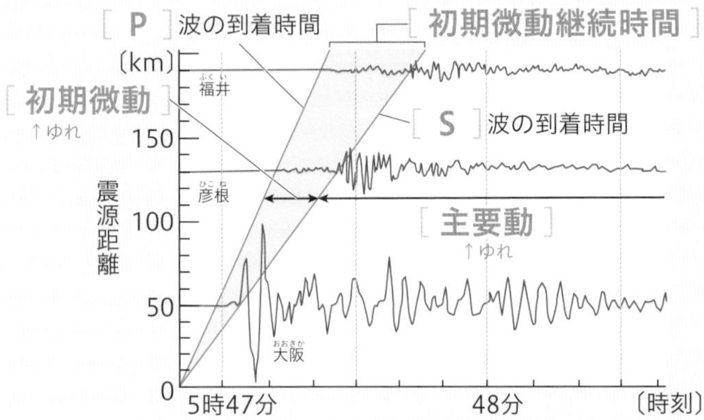

□ 震源距離とP波・S波が届(とど)くまでの時間

□ 初期微動を伝える波を［P波(ピーは)］，主要動を伝える波を［S波(エスは)］という。

震源から地震の観測点までの距離を震源距離というよ。

❷ ゆれの大きさ

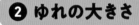

□ ある地点での地震のゆれの大きさを示す階級を［震度(しんど)］といい，0～7の10階級に分けられている（震度5と6はさらに強・弱に分けられる）。

□ 地震そのものの規模(きぼ)の大小は［マグニチュード］（記号：M）で表す。

❸ 日本列島の地震

□ 震源が深い地震は，沈(しず)みこむ海洋プレートに沿(そ)って，日本海溝(かいこう)側から大陸側に向かって深くなる。

□ 震源が浅い地震には，海溝型(かいこうがた)（プレート境界型）地震と，内陸型地震がある。

□ 海溝型地震では，海底の変形にともなって発生した高い波（［津波(つなみ)］）が発生することがある。

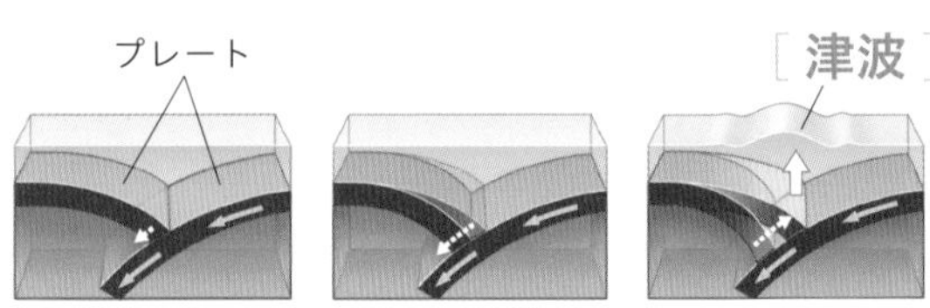

［大陸］（陸の）プレートが海洋（海の）プレートに引きずられて，ひずみにたえきれなくなると，岩石が破壊されて地震と［津波］が発生する。

□ 海底で起こる地震

□ 内陸型地震は，大陸プレートが海洋プレートに押(お)されてひずみ，破壊(はかい)されて断層(だんそう)ができたり，［活断層(かつだんそう)］が再びずれたりして起こる。

テストに出る　グラフから，波の速さやゆれが到達する時間を求める計算はできるようにしておこう。

Step 2 予想問題 地震の伝わり方と地球内部のはたらき

30分 (1ページ10分)

【地震のゆれ】

❶ 図は，長野県西部地震のとき，彦根でとらえた地震計の記録である。これについて，次の問いに答えなさい。

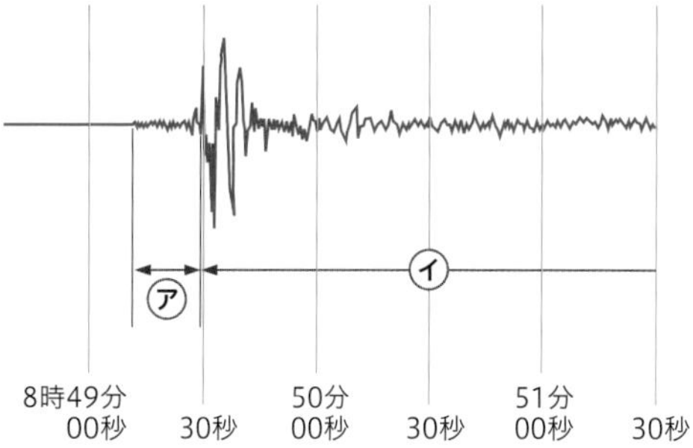

□ ❶ ㋐の部分の小さなゆれを何というか。（　　　　　）

□ ❷ ㋑の部分の大きなゆれを何というか。（　　　　　）

□ ❸ ㋐のゆれを起こす波と㋑のゆれを起こす波とでは，どちらが速く進むか。㋐，㋑の記号で答えなさい。（　　　）

□ ❹ ㋐のゆれを起こす波と㋑のゆれを起こす波をそれぞれ何というか。
㋐（　　　　　）㋑（　　　　　）

□ ❺ ㋐のゆれを起こす波と㋑のゆれを起こす波の到達時刻の差を何というか。
（　　　　　）

【地震のゆれの伝わり方】

❷ 図は，ある地震による各地の初期微動がはじまった時刻を記入したものである。ただし，図中の00～18は，55分00秒～55分18秒を示しているものとする。

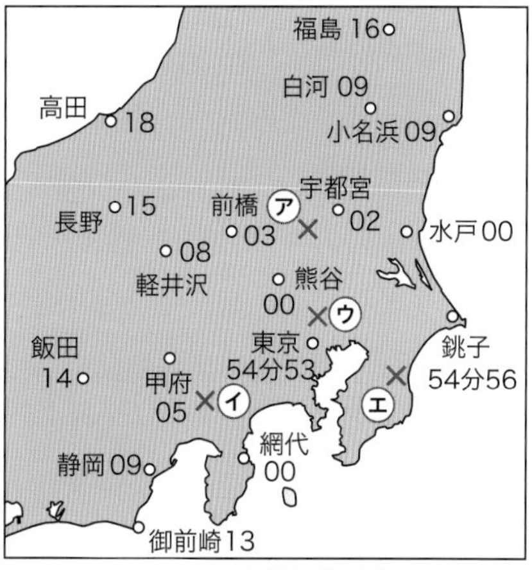

□ ❶ 初期微動がはじまった時刻が，55分00秒と考えられる地点を結んだ曲線と，55分09秒と考えられる地点を結んだ曲線を，それぞれ図の中にかきなさい。

□ ❷ 図の中で，地震の震央と考えられる地点を，図中の㋐～㋓から選びなさい。（　　　）

□ ❸ この地震の前橋における初期微動継続時間は17秒間だった。この地震による主要動は，何分何秒にはじまったか。（　　　分　　　秒）

❹では，震源までの距離をx〔km〕として計算するよ。

□ ❹ 前橋から震源までの距離を，❸の初期微動継続時間をもとに求めなさい。ただし，初期微動のゆれと主要動のゆれの伝わる速さは，それぞれ，秒速 8 km，秒速 4 kmとする。（　　　km）

ミスに注意 ❷❸初期微動がはじまった時刻とは，P波が到達した時刻のことである。

ヒント ❷❹時間＝距離÷速さ。初期微動継続時間＝S波が届くまでの時間－P波が届くまでの時間。

【初期微動継続時間と震源距離】

❸ グラフは，ある地震での初期微動継続時間と震源距離（きょり）の関係を示したものである。これについて，次の問いに答えなさい。

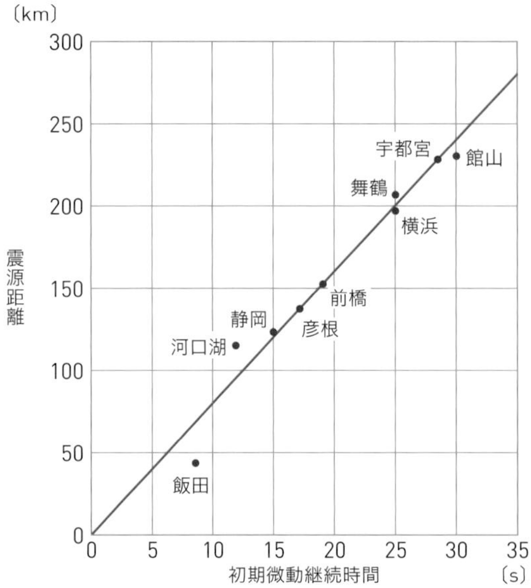

□ ❶ 震源距離は，初期微動継続時間とおよそどんな関係であると考えられるか。

（　　　　関係）

□ ❷ 初期微動継続時間が1秒長くなるごとに，震源距離は約何km遠ざかると考えられるか。　（約　　　　）

□ ❸ 震源から400 km離れた地点では，初期微動継続時間は約何秒と考えられるか。

（約　　　　）

【震源距離と地震のゆれ方】

❹ 図は，ある地震のA～D地点における地震計の記録である。これについて，次の問いに答えなさい。

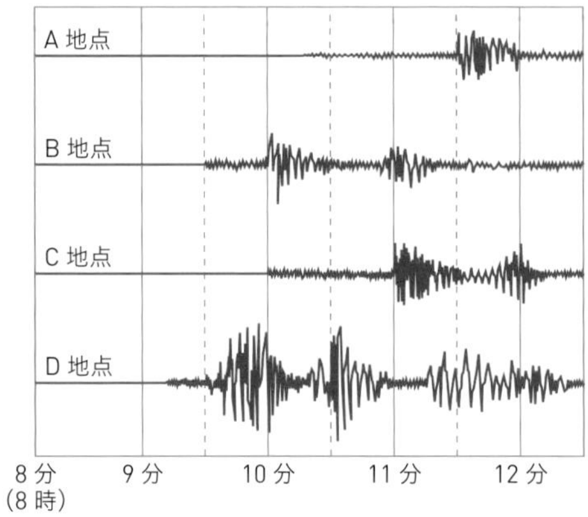

□ ❶ A～D地点のうち，ゆれ方がもっとも大きかった地点はどこか。　（　　　地点）

□ ❷ A～D地点のうち，震源距離がもっとも遠い地点はどこか。　（　　　地点）

□ ❸ C地点のP波の到着時刻はいつか。

（　　　時　　　分　　　秒）

□ ❹ B地点のS波の到着時刻はいつか。

（　　　時　　　分　　　秒）

□ ❺ C地点での初期微動継続時間は，約何秒か。

（約　　　　　秒）

図からゆれの大きさやゆれの時間などを読みとることが問われているよ。

ヒント ❸❶グラフが原点を通る直線であることに注目する。

ミスに注意 ❸❷❸速さと距離と時間の関係を表す式を，正しく書けるようにしよう。

[解答▶p.13]

【 地震計のしくみ 】

❺ 図は，地震計を模式的に示したものである。これについて，次の問いに答えなさい。

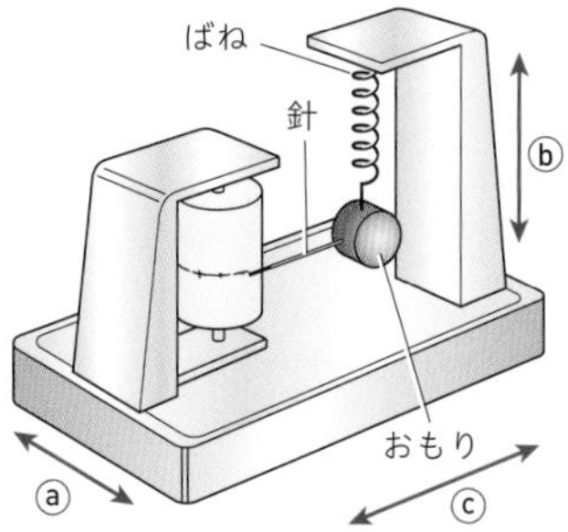

□ ❶ おもりは，地震に対してどのようなはたらきをするか。次の㋐～㋓から正しいものを１つ選び，記号で答えなさい。
（　　　）

㋐ その重さで地震計を固定する。
㋑ まわりが動いても針を動かさない。
㋒ ばねの長さを一定に保つ。
㋓ ばねの動きを針全体に伝える。

□ ❷ この地震計では，ⓐ～ⓒのどの方向のゆれを記録できるか。記号で答えなさい。（　　　）

おもりをつるした糸を
手に持って，すばやく
手を動かしても，おもり
はほとんどゆれないよ。

【 地震の分布 】

❻ 図は，最近100年間に日本付近で被害をもたらした地震の震央の分布と，震源の深さの分布を示している。これについて，次の問いに答えなさい。

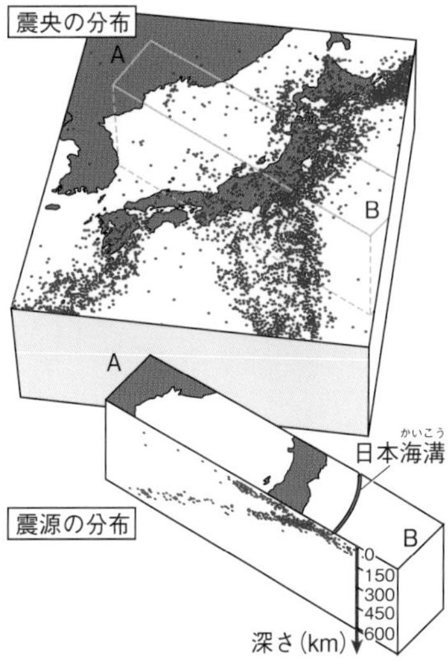

□ ❶ 地震は，太平洋側と日本海側とでは，どちらに集中しているか。（　　　　　）

□ ❷ 震源の深さの分布は，大陸側に近づくにつれて，しだいにどうなっているか。（　　　　　　　）

□ ❸ 日本列島の太平洋側で起きる大きな地震の原因として，太平洋側のあるものが，大陸側のあるものの下に沈みこんでいるためと考えられている。あるものとは何か。
（　　　　　　）

□ ❹ 震源で起こる，地層のずれを何というか。
（　　　　　　）

□ ❺ ❹のずれのうち，何度もくり返してずれ動き，今後も動く可能性があるものを何というか。（　　　　　　）

□ ❻ 海底で大きな地震が発生したとき，海底の上下によって持ち上げられて発生する波のために，大きな被害が起こることがある。この波を何というか。（　　　　　　）

ヒント ❻❷震源は，沈みこむ海洋プレートに沿って分布している。

Step 1 基本チェック　火山活動と火成岩

10分

赤シートを使って答えよう！

❶ 火山の噴火

□ 火山が噴火したとき，火口から噴出する溶岩や火山灰，火山ガスなどを［ 火山噴出物 ］という。

□ 火山灰や火山弾などの火山噴出物は，どれも［ マグマ ］が冷えてできた粒がふくまれており，このうち，結晶になったものを［ 鉱物 ］という。

□ 火山の地下のマグマだまりで，マグマが一時的にたくわえられている。

❷ マグマの性質と火山

□ 火山の形は，マグマの［ ねばりけ ］に関係がある。

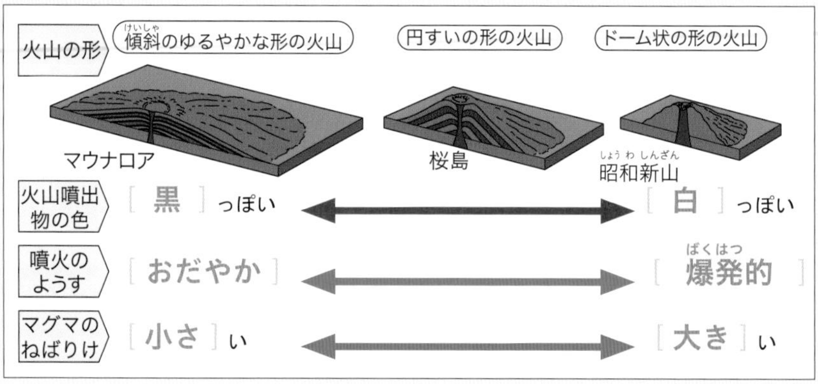

□ マグマのねばりけと火山の形

❸ マグマからできた岩石

□ マグマが冷えて固まった岩石を［ 火成岩 ］という。

□ マグマが地表付近で急に冷えた場合は［ 火山岩 ］，マグマが地下深くでゆっくりと冷えた場合は［ 深成岩 ］となる。

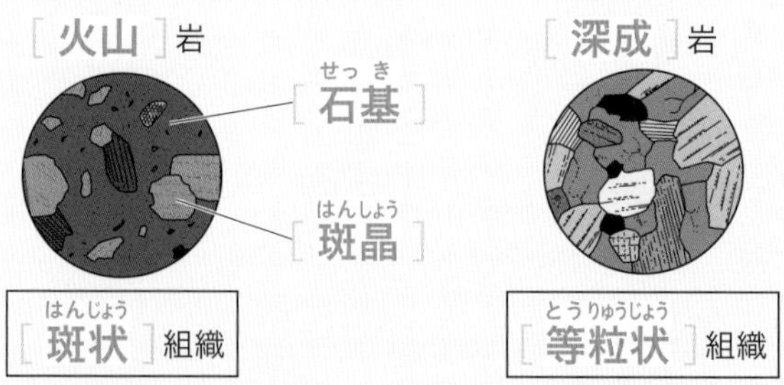

□ 火成岩のつくり

❹ 日本列島の火山

□ 日本の火山は，海溝やトラフ（海溝よりも浅い海底の谷）にほぼ平行に分布している。

テストに出る　マグマのねばりけと火山の形，マグマの冷え方とできる岩石の関係は整理しておこう。

Step 2 予想問題 火山活動と火成岩

20分
（1ページ10分）

【火山の形や噴火のようす】

❶ 右のA～Cは，いろいろな形の火山を模式的に示したものである。これについて，次の問いに答えなさい。

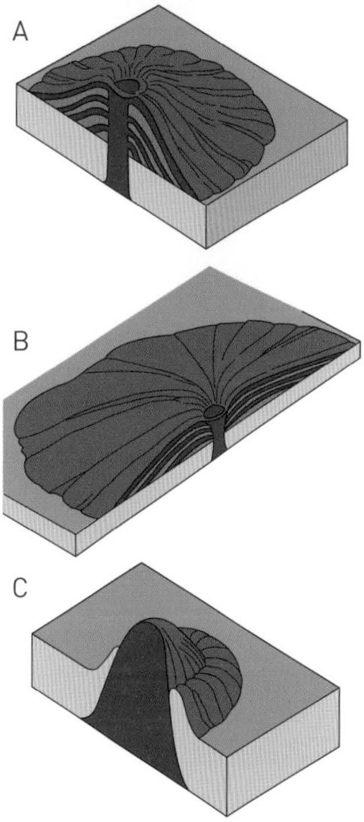

□ ❶ 火山の地下には，マグマが一時的にたくわえられている場所がある。この場所を何というか。（　　　　）

□ ❷ 火山のうち，現在活動しているか，または，過去1万年以内に噴火したことがある火山を何というか。（　　　　）

□ ❸ A，B，Cのように，火山の形が異なるのは，マグマの何のちがいによるのか。（マグマの　　　　）

□ ❹ 噴火のようすがもっともおだやかなものは，A～Cのうちのどれか。記号で答えなさい。（　　　）

【火山灰】

❷ 火山灰を蒸発皿にとってこねた後，水を加えてにごりがなくなるまで洗い，乾燥させてから底に残った粒をペトリ皿に移して双眼実体顕微鏡で観察した。その結果，図のようなものが観察された。次の問いに答えなさい。

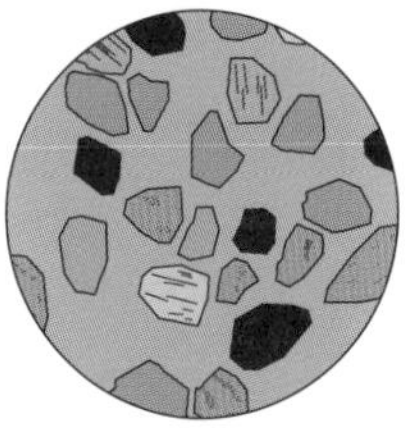

□ ❶ これらの結晶の粒は何とよばれるか。（　　　　）

□ ❷ ❶は地下にあった何からできたものか。（　　　　）

□ ❸ 火山灰にふくまれる，次のⓐ～ⓒの粒は，㋐～㋒のどれか。

ⓐ（　　）　ⓑ（　　）　ⓒ（　　）

ⓐ 不規則な形で，無色または白色をしている。
ⓑ 柱状で，白色またはうす桃色をしている。
ⓒ 板状か六角形をしていて，黒っぽい。

㋐ チョウ石　㋑ クロウンモ　㋒ セキエイ

火山噴出物（かざんふんしゅつぶつ）のうち，直径が2mm以下の小さな粒を火山灰というよ。

ヒント ❶❹マグマのねばりけが大きいと，マグマの中の泡がぬけにくい。

【マグマからできた岩石】

❸ 図1は，ある火山付近の地層から産出した火成岩を，双眼実体顕微鏡で観察し，スケッチしたものである。これについて，次の問いに答えなさい。

図1

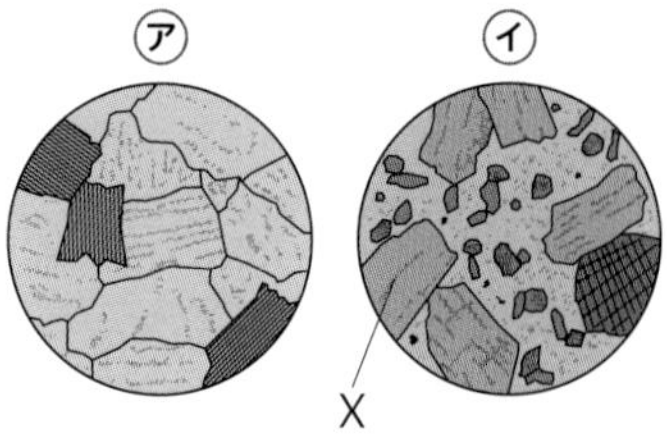

□ ❶ 図1の㋐，㋑のような組織をそれぞれ何というか。

㋐（　　　　　　）　㋑（　　　　　　）

□ ❷ 図1の㋑に見られる，Xのような大きな粒を何というか。

（　　　　　　）

□ ❸ 図2のように，濃いミョウバンの水溶液を2つのペトリ皿①，②に入れて，湯につけた。3mm程度の結晶が現れた後，②のペトリ皿を氷水に移して冷やした。このとき，②のペトリ皿にできた結晶の形は，図1の㋐，㋑のどちらに似ているか。（　　　）

図2

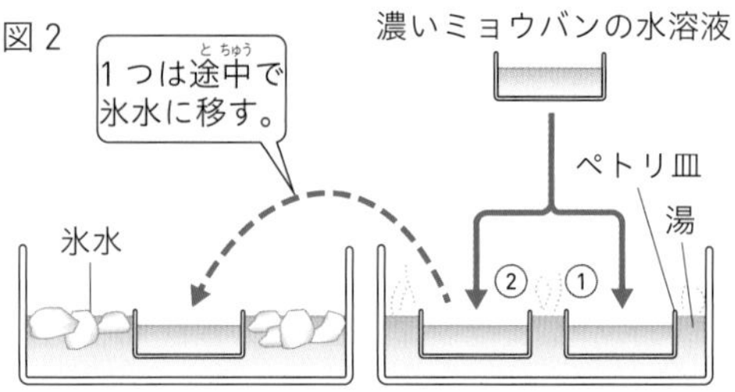

□ ❹ 図1の㋐のような火成岩は，火山のどのような場所に，どのような冷え方でできるか。（　　　　　　　　　　　　　　）

【日本列島の火山】

❹ 図は，日本列島のある地域の断面のようすを，模式的に表したものである。これについて，次の問いに答えなさい。

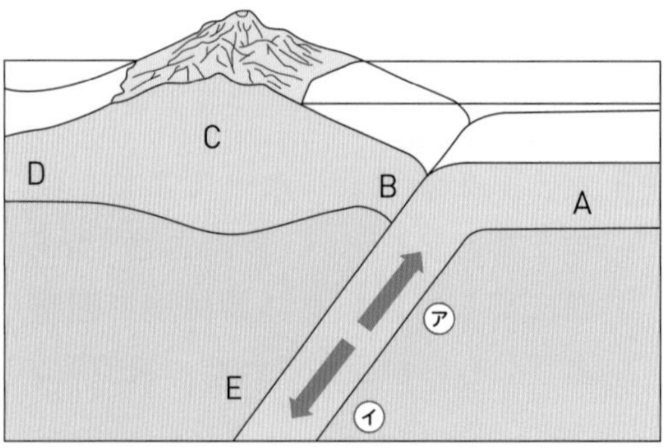

□ ❶ 海洋プレートが動く向きは，図の㋐，㋑のどちらか。（　　　）

□ ❷ 岩石の一部がとけて，マグマができる場所はどこか。図のA～Eから選びなさい。（　　　）

□ ❸ 日本列島の火山の分布のようすとして正しいものは，次の㋐～㋒のどれか。（　　　）

㋐ 海溝やトラフと平行に，多く分布している。
㋑ 海溝やトラフと同じ位置に，多く分布している。
㋒ 海溝やトラフに関係なく，広く分布している。

ヒント ❸❸湯につけたままの水溶液は，ゆっくり冷える。

ミスに注意 ❸❹できる場所と冷え方の両方を答えること。

［解答▶p.14］

Step 1 基本チェック 地層の重なりと過去の様子 自然の恵みと火山災害・地震災害

10分

赤シートを使って答えよう！

❶ 地層のでき方

□ 気温の変化や風雨のはたらきで，岩石の表面がもろくなることを［ 風化 ］，水のはたらきでけずられることを［ 侵食 ］いう。

□ れき，砂，泥などは，流水により［ 運搬 ］され，水の流れがゆるやかになった海底などで［ 堆積 ］し，地層をつくる。

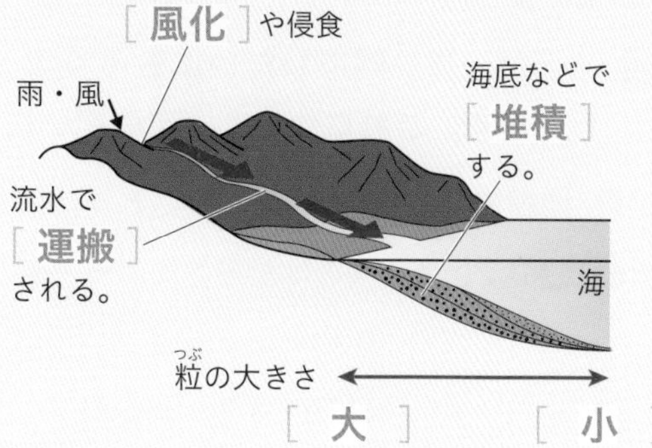

□ 地層のでき方

❷ 地層の岩石

□ 堆積物が長い年月をかけて地層の重みなどで押し固められ，岩石となったものを［ 堆積岩 ］という。

□ れき，砂，泥でできた堆積岩をそれぞれ［ れき岩 ］，砂岩，泥岩という。生物の死がいが堆積すると石灰岩や［ チャート ］になり，火山灰が堆積すると［ 凝灰岩 ］になる。

❸ 地層・化石と大地の歴史

□ 地層ができた当時の環境を推定できる化石を［ 示相化石 ］，地層のできた時代を推定できる化石を［ 示準化石 ］という。

□ 示準化石などをもとにして，地球の歴史は，古生代，中生代，新生代などの［ 地質年代 ］に区分されている。

□ 離れた場所の地層の対比や広がりを比べるときに利用する地層を，鍵層という。

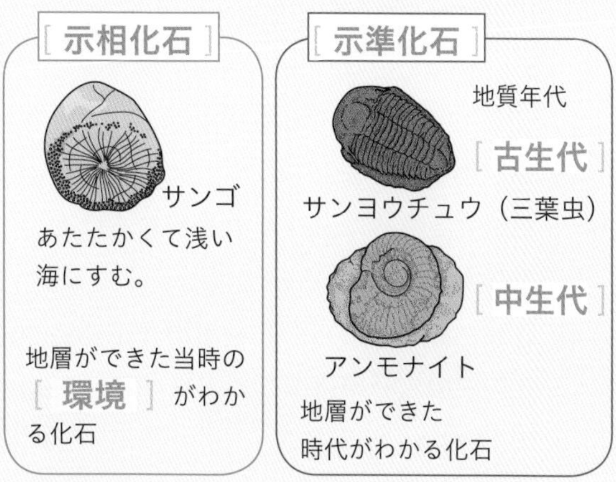

［ 示相化石 ］
サンゴ
あたたかくて浅い海にすむ。
地層ができた当時の［ 環境 ］がわかる化石
［ 示準化石 ］
地質年代
［ 古生代 ］
サンヨウチュウ（三葉虫）
［ 中生代 ］
アンモナイト
地層ができた時代がわかる化石

□ 化石

❹ 大地の恵みと災害

□ 大地が隆起することなどによって，海岸にできた階段状の地形を海岸段丘という。

□ 地震や火山噴火の発生前から活用できる情報として，ハザードマップなどがある。

テストに出る　代表的な化石と，化石からわかることについて，まとめておこう。

Step 2 予想問題　地層の重なりと過去の様子／自然の恵みと火山災害・地震災害

20分（1ページ10分）

【岩石の変化】

❶ 岩石は，長い間にしだいにもろくなったり，けずられたりして変化していく。これについて，次の問いに答えなさい。

□ ❶ 地表で岩石が変化していくことを，何というか。（　　　　）

□ ❷ ❶の変化は，何のはたらきによって起こるか。２つ答えなさい。

（　　　　　　）（　　　　　　）

□ ❸ 陸上に降った雨や流水は，岩石をけずりとる。このような水のはたらきを何というか。（　　　　）

□ ❹ ❸のはたらきによってけずりとられた土砂は，川の上流から運搬され，水の流れがどのようになった場所に堆積するか。

（　　　　　　　　　　　　　　）

【地層のでき方】

❷ 図は，海底の堆積物の状態を模式的に示したものである。これについて，次の問いに答えなさい。

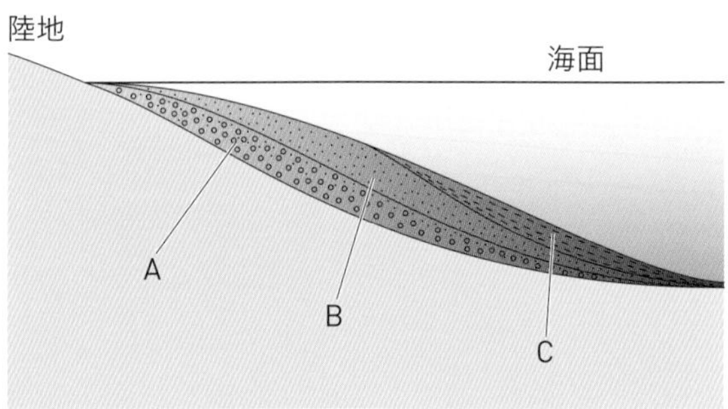

□ ❶ 図のＡ～Ｃの堆積物を，下の㋐～㋒から１つずつ選び，記号で答えなさい。

Ａ（　　　）　Ｂ（　　　）　Ｃ（　　　）

㋐ 細かい砂　　㋑ れきと砂　　㋒ 泥

□ ❷ 海面の高さが変わらないとき，堆積物の粒の大きさは，海岸から遠くなるほどどうなるか。（　　　　）

□ ❸ 地層の観察からわかる地層の上下関係や，その中の岩石の特徴などを柱状に表した図を何というか。（　　　　）

ヒント ❶❹流れが速いところでは，けずったり運んだりする力が大きい。

[解答▶p.15]

【 堆積岩の種類と特徴 】

❸ 堆積岩について，次の問いに答えなさい。

□ ❶ れき岩・砂岩・泥岩のうち，岩石をつくっている粒がもっとも大きいものは何か。（　　　）

□ ❷ 堆積岩をつくっている砂やれきなどの粒は，どんな形をしているか。

（　　　　　　）

□ ❸ 生物の遺骸や海水にとけこんでいた成分が，海底に堆積して固まってできたものにはどのようなものがあるか。２つ答えなさい。

（　　　　　）（　　　　　）

□ ❹ ❸の２つを見分ける方法を答えなさい。

（　　　　　　　　　　　　　　　　）

【 地層の観察 】

❹ ある地層を観察すると，フズリナ類とサンゴの化石が観察された。これについて，次の問いに答えなさい。

□ ❶ フズリナの化石をふくむ地層は，次のどの地質時代にできたものか。次の㋐～㋓から１つ選び，記号で答えなさい。（　　　）

㋐ 古生代より前　㋑ 古生代　㋒ 中生代　㋓ 新生代

□ ❷ フズリナと同じ時代に生息していた生物はA，Bのどちらか。

（　　　）

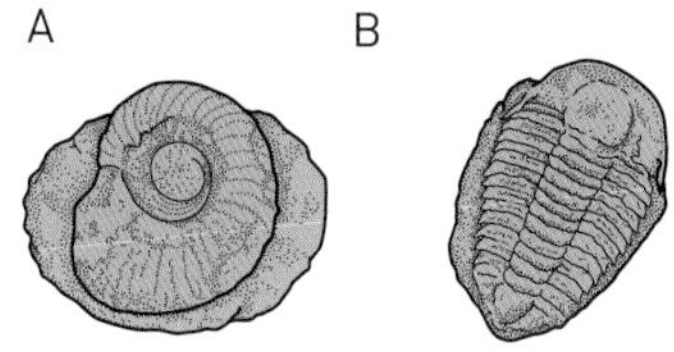

□ ❸ フズリナのように，地層のできた時代を知る手がかりになる化石を何というか。（　　　　）

□ ❹ 離れた場所にある地層が同じ時代にできたものかどうかを調べるときに，利用する鍵層として適切なものはどれか。

（　　　）

㋐ れき岩の地層　㋑ 砂岩の地層
㋒ 泥岩の地層　㋓ 凝灰岩の地層

□ ❺ 図のような平らな地形ができる原因として正しいものを，次の㋐～㋓から１つ選びなさい。（　　　）

㋐ 断層による落ちこみ　㋑ 風化によるがけくずれ
㋒ 土地の隆起　㋓ 土地の沈降

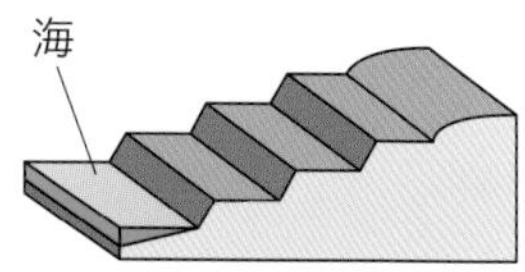

ヒント ❸❹薬品を使う方法やくぎを使う方法がある。

ヒント ❹❹火山灰は，風に乗って遠くまで運ばれる。

Step 3 予想テスト

大地の成り立ちと変化

30分　/100点　目標 70点

❶ 表は，おもな火成岩A～Fと，その火成岩をつくる鉱物の組み合わせを表したものである。これについて，次の問いに答えなさい。 技

火山岩		A	B	C
深成岩		D	E	F
無色・白色の鉱物	ⓐ			
	ⓑ			
有色の鉱物	クロウンモ			
	カクセン石			
	キ石			
	カンラン石			

□ ① 表中のⓑは，決まった方向に割れていた。ⓐとⓑの鉱物名を答えなさい。

□ ② 表中のBとDの岩石を観察すると図のようであった。それぞれの岩石のつくりを何というか。

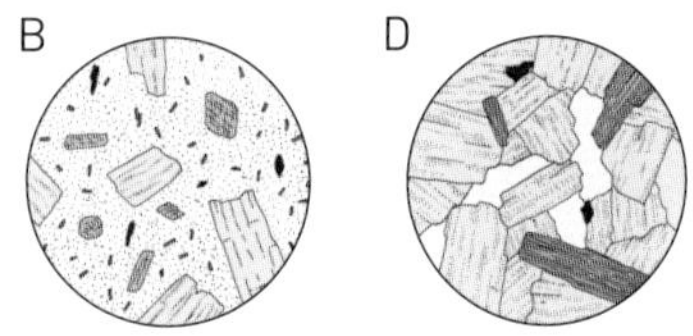

□ ③ 表中のBとDの岩石の名称をそれぞれ答えなさい。

□ ④ 昭和新山は，盛り上がった形をした火山であり，産出する火成岩は白っぽい色をしている。このことから，白色の鉱物が多いマグマのねばりけの大きさは，どのようであるか。

❷ 図1は，ある地震のときに地震発生から日本各地がゆれはじめるまでにかかった時間（秒）を記録したものである。これについて，次の問いに答えなさい。 技

図1

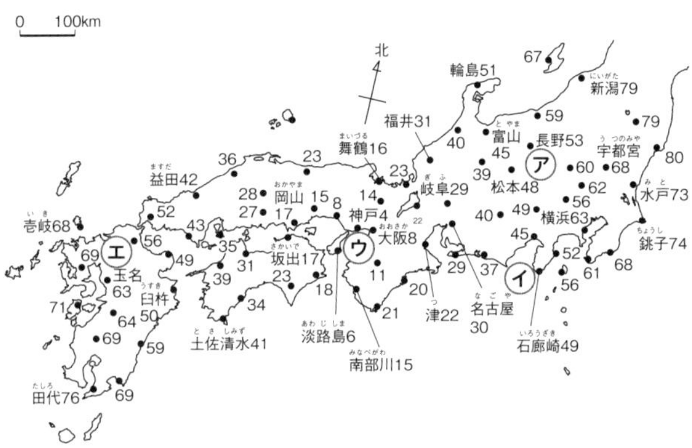

□ ① 震央に近いと考えられる地点は，図1の㋐～㋓のどこか。

□ ② 地震が発生してからゆれはじめるまでの時間は，震央からの距離が遠くなるほど，どのようになるか。簡単に答えなさい。

□ ③ ②のような性質を利用して，S波の到達時刻や震度を予測し，災害を減らすための通知を何というか。

□ ④ 図2は，南海地震が発生した前後に，ある地点で観察された，土地の上下を記録したグラフである。このような土地の上下は，プレートの動きによって発生すると考えられる。南海地震はどのようなしくみで発生したか，「大陸プレート」，「海洋プレート」という語句を用いて，簡単に書きなさい。 点UP

図2

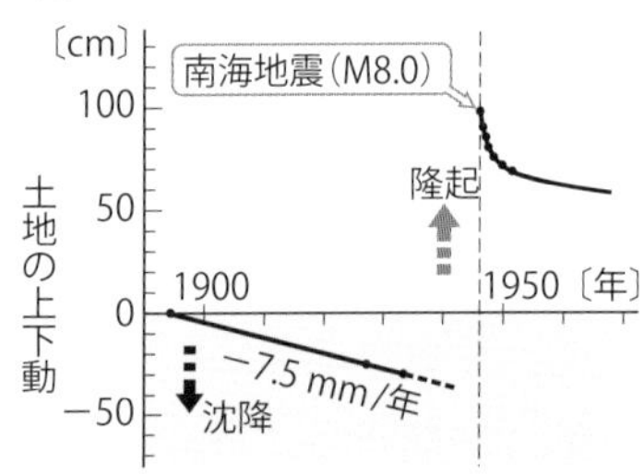

❸ **図1の地点A～Cでボーリング調査を行い，図2は，それぞれの地下のようすを柱状図として表したものである。これについて，次の問いに答えなさい。** 技 思

図1

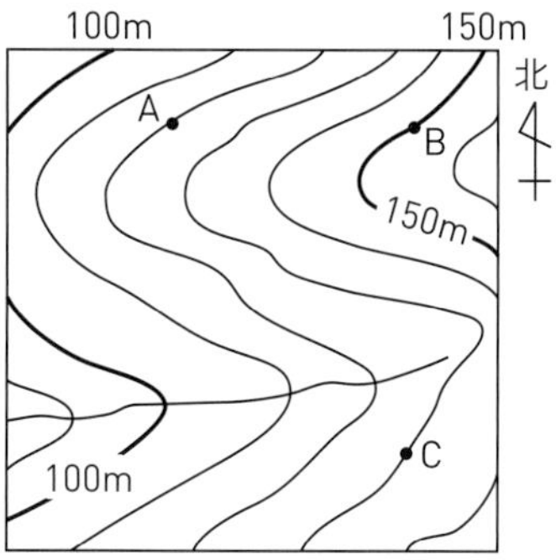

図2

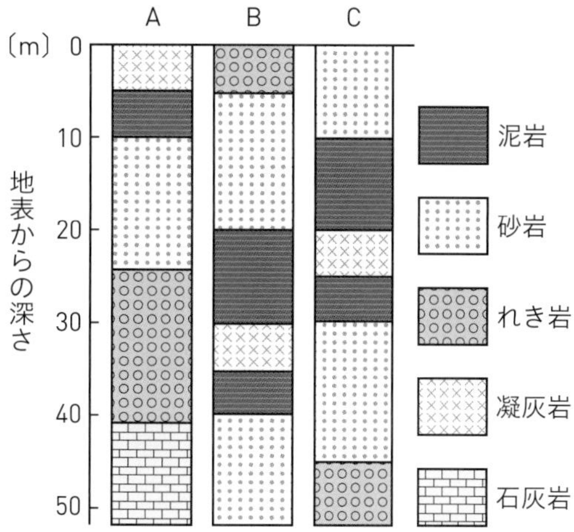

点UP □ ❶ 見えない地下のようすは，凝灰岩が観測できる深さから推測できる。このような，地層のつながりを推測するために利用できる地層を何というか。

□ ❷ 凝灰岩の地層は，堆積した当時にどのようなことがあったとわかるか。

□ ❸ 地点Aの石灰岩の層から，図3のようなサンゴの化石が発見された。このことから，この地層が堆積した当時，この地点はどのような環境だったと考えられるか。

図3

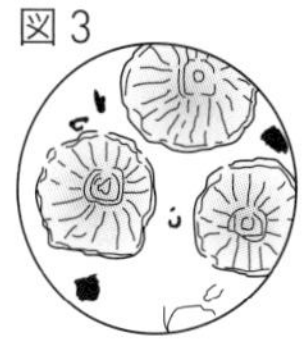

□ ❹ ❸のような推定ができる化石を，何というか。

点UP □ ❺ 図2より，図1の地層は，どの方角に下がっていると考えられるか。次の㋐～㋓から1つ選びなさい。

㋐ 東　㋑ 西　㋒ 南　㋓ 北

❶ 各6点	❶ ⓐ	ⓑ	
	❷ B	D	
	❸ B	D	
	❹		
❷ 各7点	❶	❷	❸
	❹		
❸ 各6点	❶	❷	
	❸	❹	❺

❶ ／42点　❷ ／28点　❸ ／30点

Step 1 基本チェック　光の反射・屈折

10分

赤シートを使って答えよう！

❶ 光の進み方

□ 太陽や電灯のように，みずから光を出す物体を［ 光源 ］という。

□ 光源を出た光は四方八方に広がりながら［ 直進 ］する。

□ 鏡に入る光（入射光）と，鏡の面に垂直な直線との間の角を［ 入射角 ］という。

□ 反射する光（反射光）と，鏡の面に垂直な直線との間の角を［ 反射角 ］という。

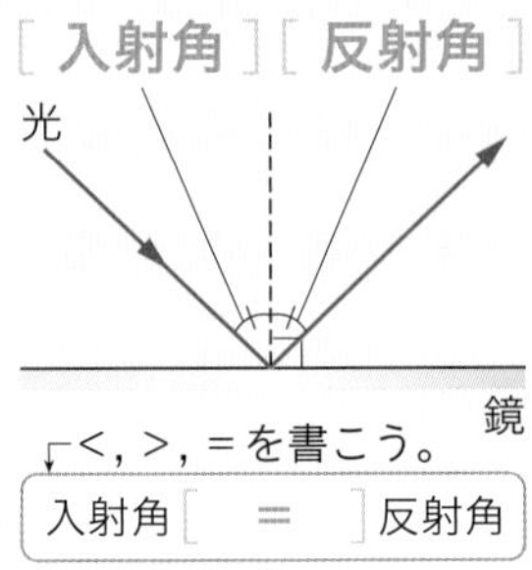

□ 光の反射

□ 入射角と反射角はいつも［ 等しい ］。これを光の［ 反射 ］の法則という。

□ 光の反射などによって，実際にはない場所に物体があるように見えるとき，それを物体の［ 像 ］という。

□ 物体の表面に細かい凹凸がある場合，光は反射の法則が成り立つように，さまざまな方向に反射する。これを［ 乱反射 ］という。

❷ 光が通りぬけるときのようす

□ 光が異なる物質の境界へ進むとき，境界の面で光が折れ曲がる現象を光の［ 屈折 ］という。

□ 折れ曲がって進む光（屈折光）と，境界の面に垂直な直線との間の角を［ 屈折角 ］という。

□ 光が水やガラスから空気へ進むときに屈折する光がなく，すべて反射するようになるとき，これを［ 全反射 ］という。

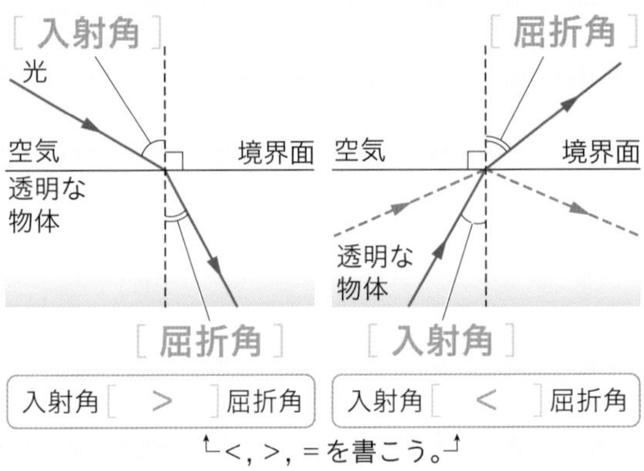

□ 光の屈折

□ 太陽や白熱電灯から出た光は［ 白色光 ］といい，いろいろな色の光が混じっている。それぞれの色の光は物質の境界で異なる角度で屈折するため，白色光をプリズムに通すと，それぞれの色に分かれる。

□ 物体が青く見えるのは，物体の表面で青色の光が強く反射され，それ以外の光の多くは，物体の表面で［ 吸収 ］されるからである。

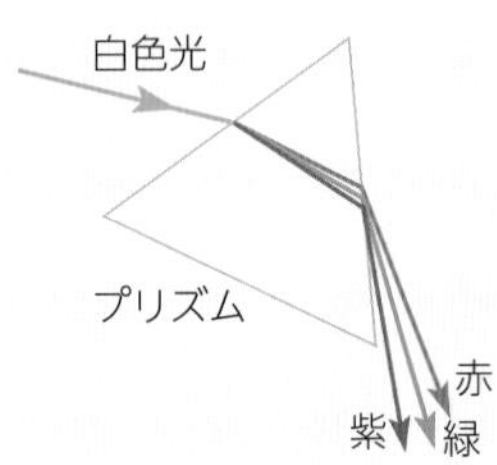

□ プリズムで屈折した光

テストに出る　入射角，反射角，屈折角がどの角をいうのか，まちがえないようにしよう。

Step 2 予想問題 光の反射・屈折

20分（1ページ10分）

【光の反射】

❶ 光源装置とスリット台，鏡を組み合わせて，図の装置をつくった。光を鏡の中心Oに当て，角Aや角Bの大きさを調べた。これについて，次の問いに答えなさい。

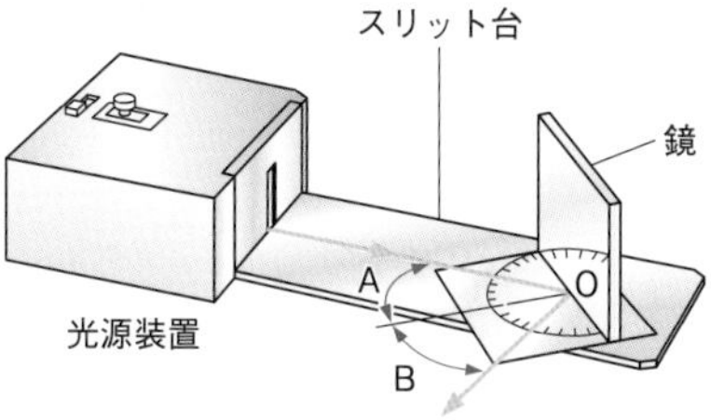

□ ❶ 角Aは，光源装置から出た光と，鏡の面に垂直な直線との間の角である。この角Aを何というか。（　　　　）

□ ❷ 図の角Aと角Bの大きさには，どのような関係があるか。（　　　　　　　　）

□ ❸ 図の状態から，点Oを中心として鏡を回転させ，角Aを20°大きくした。角Bは，図の状態より何度大きくなるか。（　　　）

【光の反射と像】

❷ 図は，鏡の前に置いた物体ABを鏡に映してCの位置から見ている図である。これについて，次の問いに答えなさい。

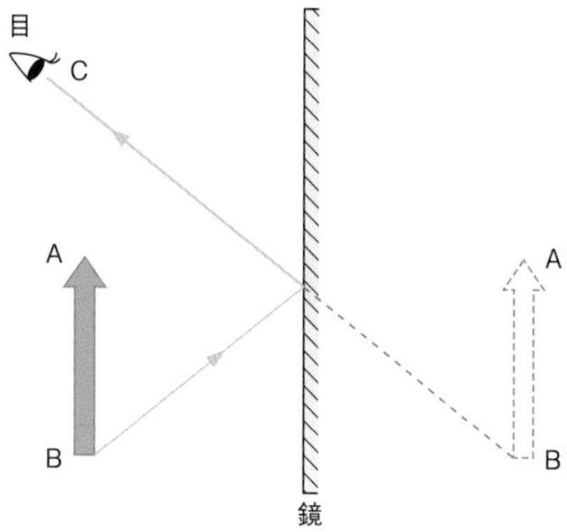

□ ❶ 鏡に映ったA′B′を何というか。（　　　　）

□ ❷ 図の，物体ABのBから出た光が鏡で反射して目に届くまでの光の道すじを参考にして，物体ABのAから出て目に届く光の道すじを図にかきなさい。

□ ❸ 物体ABを鏡に近づけると，鏡に映ったA′B′は鏡に近づくか遠ざかるか。（　　　　　　　　）

【ものが見えるわけ】

□ **❸ ものが見えるしくみについて調べた。次の①～④の（　）にあてはまる言葉を入れて，文を完成させなさい。**

ものが見えるのは，（①　　　　）から出た光が直接目に届く場合と，（②　　　　）から出た光が，物体の表面で（③　　　　）して目に届く場合の２つがある。また，どの方向から見ても物体を見ることができるのは，物体の表面に細かい凹凸があり，光がいろいろな方向に（④　　　　）するからである。また，例えば物体の色が青く見えるのは，白色光のうちの青色だけが物体の表面で（⑤　　　　）し，それ以外の色の多くは物体の表面で吸収されるからである。

ヒント ❷❸像は，鏡をはさんで対称な位置にできる。

［解答▶p.18］

【空気と水の間での光の進み方】

❹ 図1は，空気から水へaの向きに光が進むときのようすを，図2は水から空気へbの向きに光が進むときのようすを示している。これについて，次の問いに答えなさい。

図1

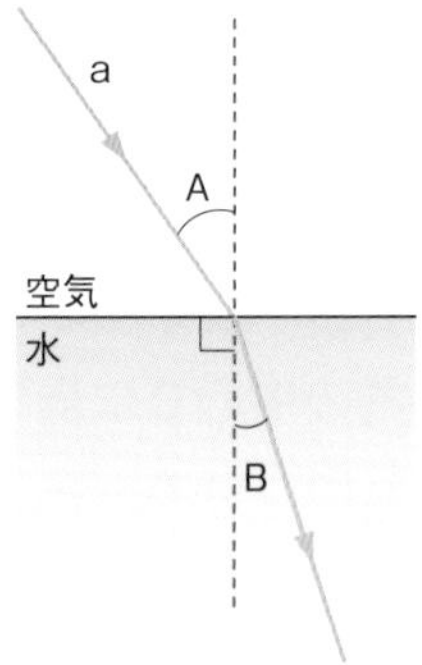

図2

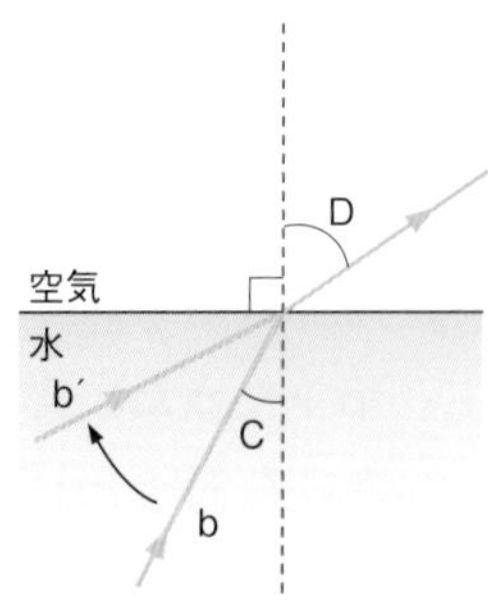

□ ❶ 図のように，2つの物質の境界で光の道すじが折れ曲がる現象を何というか。（　　　　）

□ ❷ 図1，図2での屈折角（くっせつかく）は，それぞれ角A～Dのどれになるか。　図1（　　　）　図2（　　　）

□ ❸ 図2のbの光の向きを変えてb′のようにすると，光は空気へ進まなくなった。このときの光の道すじを図にかきなさい。

□ ❹ ❸の現象を何というか。（　　　　）

□ ❺ 図3のように，カップに水を入れたところ，見えなかったコインがQの位置に見えた。コインの点Pから出た光はどのように屈折して目に届いたか，図にかきなさい。

図3

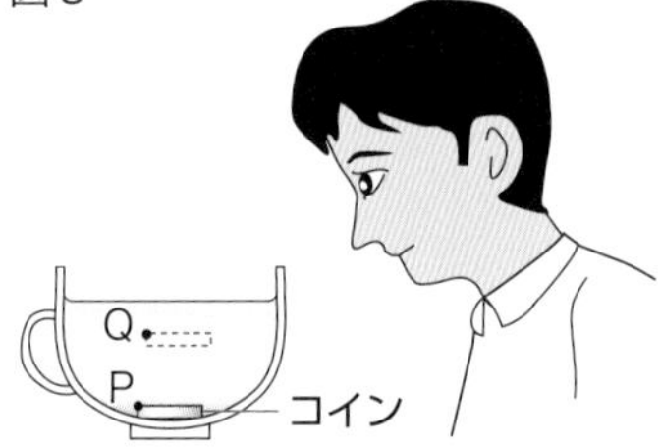

【光の屈折】

❺ 図は，光が半円形レンズの平らな面の中心を通るときの道すじを調べているものである。図1のように，光が境界の面に垂直に入射（にゅうしゃ）するとき，光はどのように進むか。図にかきなさい。また，図2，図3のように，光が進むとき，屈折した光はどう進むか。それぞれ㋐～㋒の記号で答えなさい。
□

図1

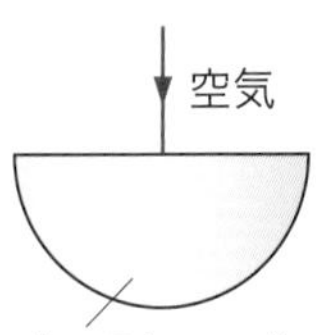

図2

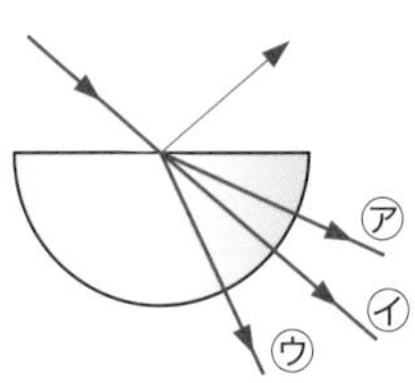

図3

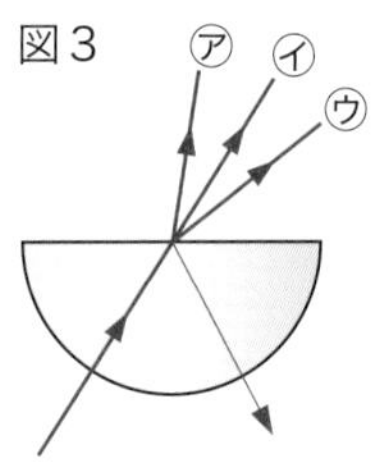

図2（　　　）　図3（　　　）

ヒント　❹❸入射角と反射角は等しい。

ミスに注意　❹❺光は直進するので，直線でかく。

[解答▶p.18]

Step 1 基本チェック　凸レンズのはたらき

10分

赤シートを使って答えよう！

1 レンズのはたらき

□ 光軸（凸レンズの軸）に平行に凸レンズに入った光は，屈折した後，反対側の［焦点］を通る。凸レンズの中心から焦点までの距離を［焦点距離］という。

□ 凸レンズの［中心］を通った光は，そのまま直進し，［焦点］を通って凸レンズに入った光は，屈折した後，光軸に［平行］に進む。

□ 物体が焦点より外側にあるとき，スクリーンに映る向きが上下・左右が［逆］向きの像を［実像］という。

光軸は，凸レンズの中心を通り，凸レンズの表面の中心に垂直（すいちょく）な直線のことだよ。

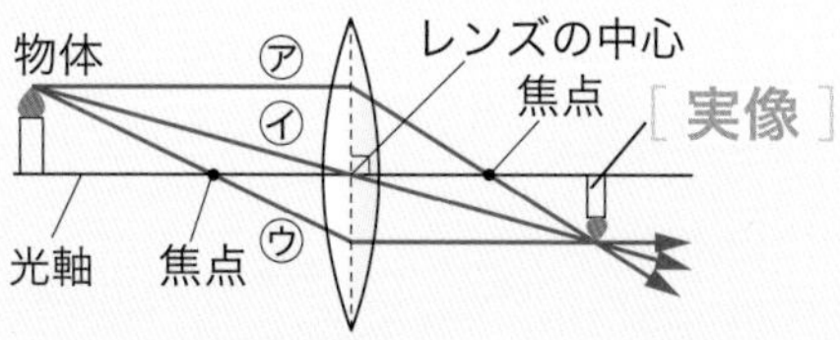

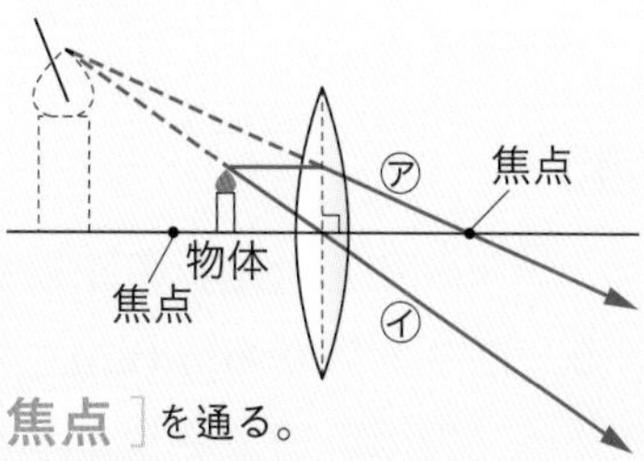

㋐　光軸に平行に凸レンズに入った光は，反対側の［焦点］を通る。
㋑　凸レンズの中心を通った光は，そのまま［直進］する。
㋒　焦点を通って凸レンズに入った光は，屈折した後，光軸と平行に進む。

□ **凸レンズを通る光の進み方**

□ 物体が焦点と凸レンズの間にあるとき，スクリーンに像は映らないが，凸レンズを通して，物体より大きさが［大きい］像が物体と［同じ］向きに見える。この像を［虚像］という。

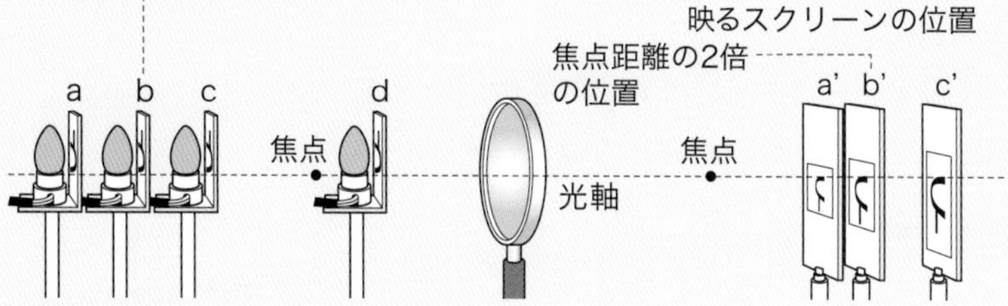

物体をa→b→cと近づけていくと，像の位置はa'→b'→c'となり，大きさは［大きく］なっていく。

□ **凸レンズによる像のでき方**

テスト に出る　物体の位置と，像ができる位置および像の大きさの関係はまとめておこう。

Step 2 予想問題 凸レンズのはたらき

20分
（1ページ10分）

【凸(とつ)レンズ】

❶ 図のように，スリットを通した太陽光を凸レンズに当てて，光の道すじを調べた。これについて，次の問いに答えなさい。

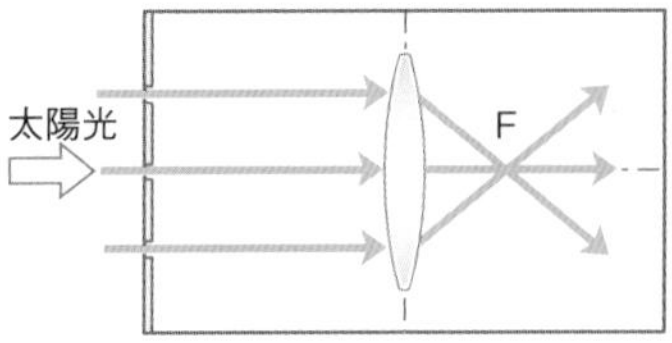

□ ❶ 太陽光は，凸レンズの右側で点Fに集まった。この点Fを何というか。（　　　）

□ ❷ 凸レンズの中心から点Fまでの距離(きょり)のことを何というか。
（　　　）

□ ❸ 凸レンズの反対側から，同じように太陽光を当てたとき，❷の距離はどうなるか。（　　　）

□ ❹ 凸レンズをはじめのものよりふくらみが大きなものに変えて同じように調べたとき，❷の距離はどうなるか。（　　　）

【凸レンズによる像】

❷ 図のように凸レンズから a〔cm〕の距離に物体を置いたところ，凸レンズから b〔cm〕の距離に置いたスクリーンの上にはっきりとした像ができた。これについて，次の問いに答えなさい。

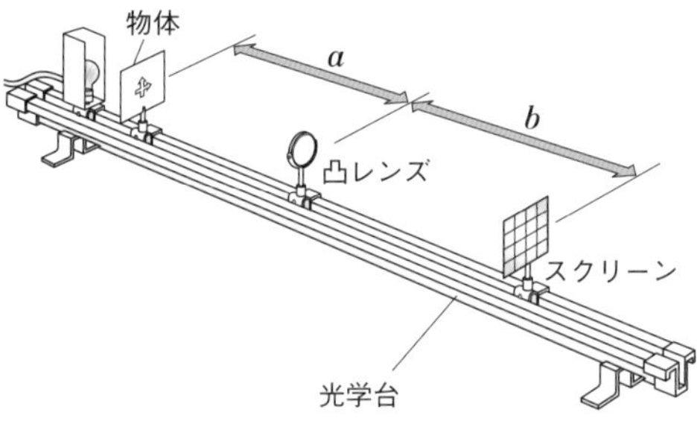

□ ❶ スクリーンの上にできた像はどれか。次の㋐～㋓から選び，記号で答えなさい。（　　）

㋐ 上下・左右逆向きの虚像(きょぞう)　㋑ 同じ向きの虚像

㋒ 上下・左右逆向きの実像　㋓ 同じ向きの実像

□ ❷ a の長さを大きくした後，b の距離を調節してスクリーンの上にはっきりとした像をつくったとき，その像の大きさははじめの像に比べてどうなったか。（　　　）

□ ❸ a の長さを小さくしたら，スクリーンをどこにおいても像はできず，凸レンズを通して物体を見ることができた。このとき見えた物体は，どのように見えたか。（　　　）

ヒント ❷❶実像は光が集まってできる像で，虚像は実際に光は集まっていない。

ミスに注意 ❷❸像の向きと大きさについて書く。

［解答▶p.19］

【凸レンズによる像と焦点距離】

❸ 図1のように，光学台上に長さの異なる2本のろうそく，凸レンズ，半透明のスクリーンを置き，矢印の方向からスクリーンに映る像を観察した。ろうそくと凸レンズの距離を20 cmにし，スクリーンの位置を調節したところ，ある位置で2本のろうそくの像が鮮明に映った。これについて，次の問いに答えなさい。

図1

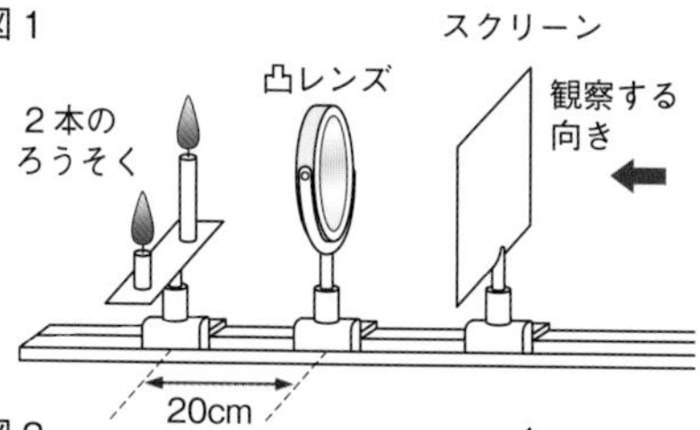

図2

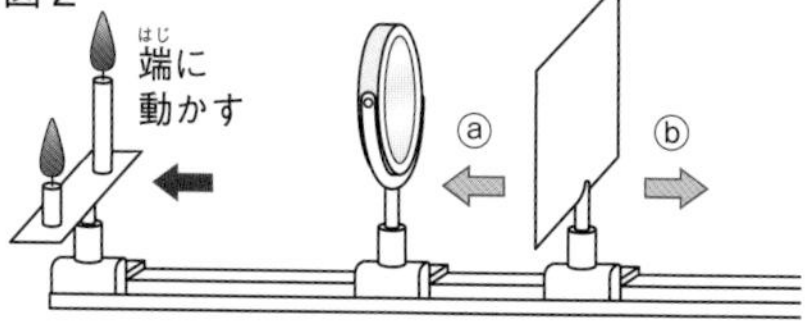

㋐　㋑　㋒　㋓

□ ❶ 図1でスクリーンに鮮明な像が映ったとき，観察する向きから見えたろうそくの像を正しく表しているのは，㋐～㋓のどれか。（　　）

□ ❷ 図1でスクリーン上に鮮明な像が映ったとき，像の大きさは実際のろうそくの大きさと同じであった。この凸レンズの焦点距離は何cmか。

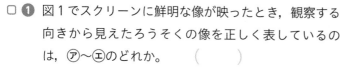

（　　　　）

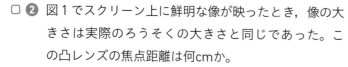

□ ❸ 図2のようにろうそくを動かした後，スクリーン上にろうそくの像を映すためには，スクリーンを図2のⓐ，ⓑどちらの向きに動かせばよいか。また，そのときの像の大きさは，図1のときと比べてどうなるか。

動かす向き（　　）　像の大きさ（　　　　）

□ ❹ 次にスクリーンをはずし，凸レンズをろうそくに6 cmまで近づけて，凸レンズを通してろうそくを観察したところ，ろうそくが実際よりも大きく見えた。この像を何というか。（　　　　）

□ ❺ ❹のときにできる像を下の図に作図して求めなさい。ただし，実際の光の通り道を実線で，そうでないところは点線で表しなさい。Fはレンズの焦点を示している。

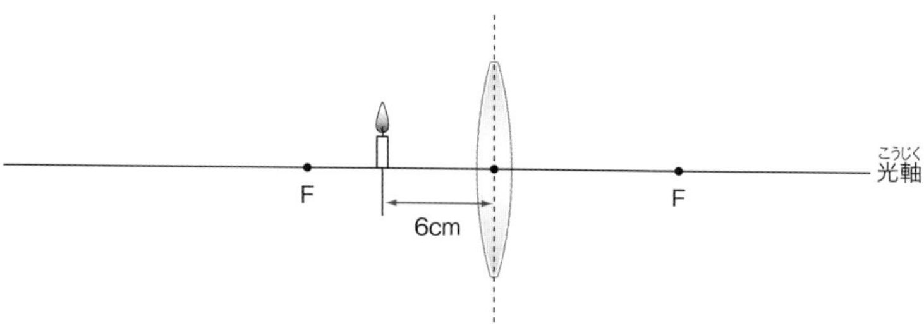

ヒント ❸❶観察する向きに注意する。

ミスに注意 ❸❹❺実際に光が集まってできた像ではない。

［解答▶p.19］

Step 1 基本チェック　音の性質

10分

赤シートを使って答えよう！

❶ 音の伝わり方

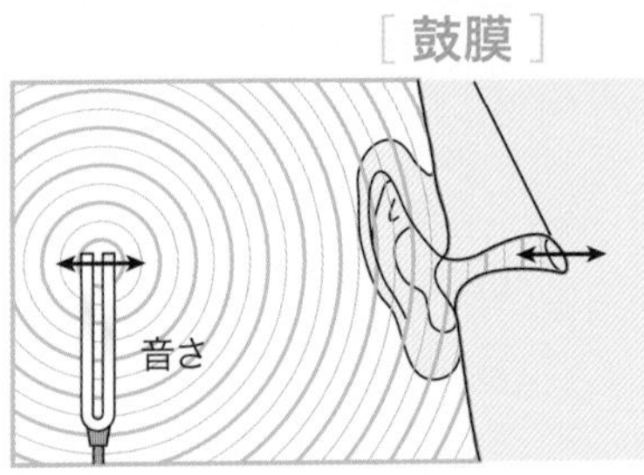

［ 音源 ］の振動が空気に伝わり，それが［ 波 ］として広がりながら伝わっていく。

□ **音の伝わり方**

□ ［ 振動 ］して音を出すものを ［ 音源 ］（発音体）という。

□ 音が聞こえるのは，空気の振動が耳の中にある［ 鼓膜 ］を振動させ，それを感じているからである。

□ 音は，［ 波 ］としてあらゆる方向に伝わる。また，音は，水などの液体や糸や金属などの固体の中も伝わる。

□ 音が伝わる速さは，次の式で求めることができる。

$$\text{音の速さ〔m/s〕} = \frac{\text{音が伝わる［ 距離 ］〔m〕}}{\text{音が伝わる［ 時間 ］〔s〕}}$$

❷ 音の大小と高低

□ 振動の振れ幅を ［ 振幅 ］ という。

□ 1秒間に振動する回数を ［ 振動数 ］ という。単位は ［ ヘルツ ］（記号Hz）が使われる。

□ 振幅が大きいほど，音は ［ 大きく ］ なる。

□ 振動数が多いほど，音は ［ 高く ］ なる。

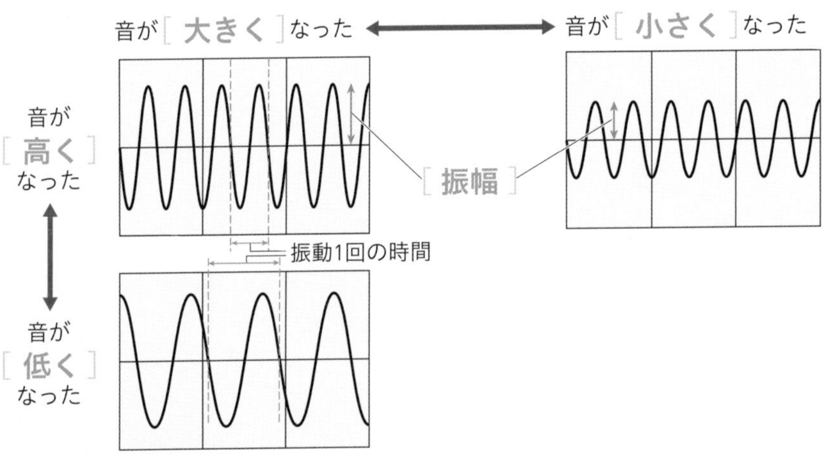

振動１回の時間が短いほど，１秒間に振動する回数は多くなるよ。

□ **音の大小と高低**

テストに出る　音の速さを求める計算問題はよく出る。

Step 2 予想問題 音の性質

30分（1ページ10分）

【音の発生と伝わり方】

❶ 図1のように，同じ高さの音を出す音さを2つ用意し，Aの音さをたたいて音を出した。これについて，次の問いに答えなさい。

図1

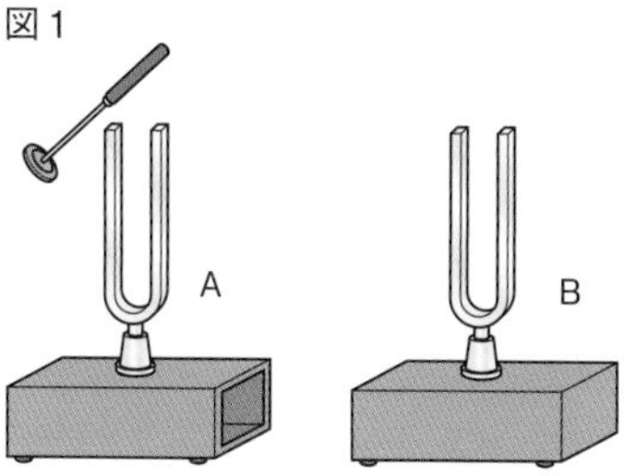

□ ❶ 音の出ているAの音さは，どのような動きをしているか。 （　　　　　）

□ ❷ Bの音さは，どのようになるか。 （　　　　　）

□ ❸ Bの音さにふれると振動していることがわかる。これはAの音さの振動がBに伝わったためと考えられるが，それを伝えたものは何か。 （　　　　　）

□ ❹ ❸のように，振動が次々に伝わる現象を何というか。 （　　　　　）

□ ❺ 次に，図2のように2つの音さの間に板を入れてAの音さをたたいた。このとき，Bの音さは，❷のときと比べてどうなるか。 （　　　　　）

図2

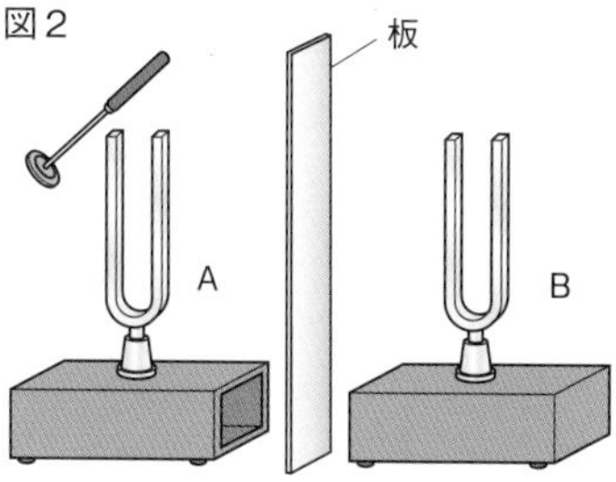

【音の伝わり方】

❷ 図のように簡易真空ポンプを使って，容器の中の空気をぬいていき，ブザーの音の大きさの変化を調べた。なお，ブザーの振動板にのせた小さな球は，ブザーが作動すると動くようになっている。これについて，次の問いに答えなさい。

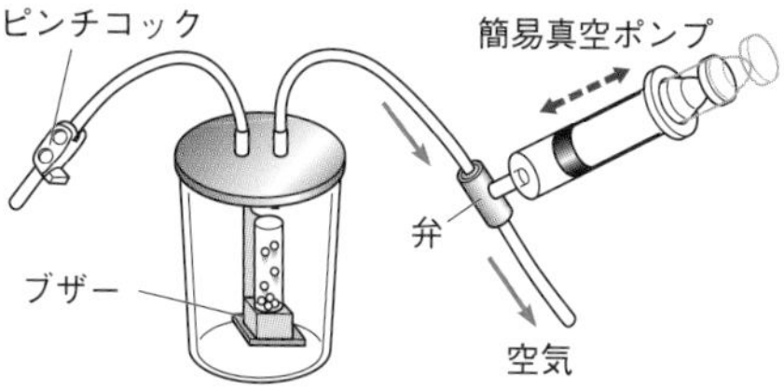

□ ❶ ブザーの音はどうなっていくか。 （　　　　　）

□ ❷ ブザーの音が❶のようになっていくとき，ブザーの振動板にのせた小さな球の動きはどうなっているか。

（　　　　　）

□ ❸ この実験から，音についてどのようなことがわかるか。

（　　　　　）

ヒント ❶❺空気の振動がBの音さに伝わるのを，板がさえぎっている。

ミスに注意 ❷❸音の伝わり方について書く。

［解答▶p.19］

【 音の速さ 】

❸ Aさんの家で，打ち上げ花火の光が見えてから3秒後に花火の音が聞こえた。空気中を伝わる音の速さを340 m/sとして，次の問いに答えなさい。

□ ❶ 花火の光が見えてから，しばらくして音が聞こえたのはなぜか。

（　　　　　　　　　　　　　　　　　　　　　　　　）

□ ❷ Aさんの家から花火の打ち上げ地点までの距離(きょり)は何mか。

（　　　　　m）

□ ❸ Bさんの家から花火の打ち上げ地点までの距離は1190mである。Bさんは，打ち上げ花火の光が見えてから何秒後に花火の音が聞こえるか。

（　　　　　秒後）

【 振幅(しんぷく)と振動数 】

❹ 図は，音さが振動して音を出しているところである。これについて，次の問いに答えなさい。

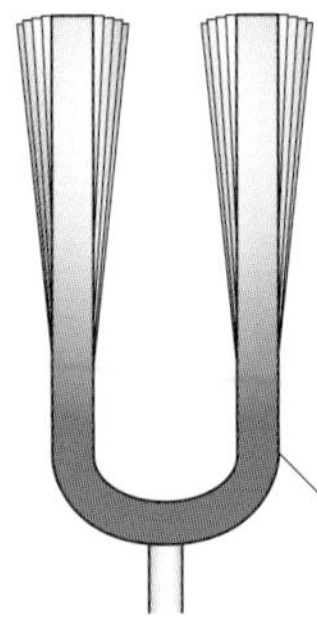

□ ❶ 音さが音を出しているとき，音さは振動していた。振動の振(ふ)れ幅(はば)のことを何というか。（　　　　　）

□ ❷ 音さのように音を出す物体が1秒間に振動する回数を何というか。

（　　　　　）

□ ❸ ❷を表す単位を何というか。その記号も答えなさい。

単位（　　　　　）　記号（　　　　　）

□ ❹ 音さの先に輪ゴムをまきつけてから音を出すと，輪ゴムをまきつける前より1秒間に振動する回数が少なくなった。このとき，音は高くなったか，低くなったか。（　　　　　）

ミスに注意 ❹❸単位の大文字と小文字に注意する。

［解答▶p.19］

【 音の大小と高低 】

❺ 図のように，モノコードの弦（げん）をはじいて出た音について調べた。これについて，次の問いに答えなさい。

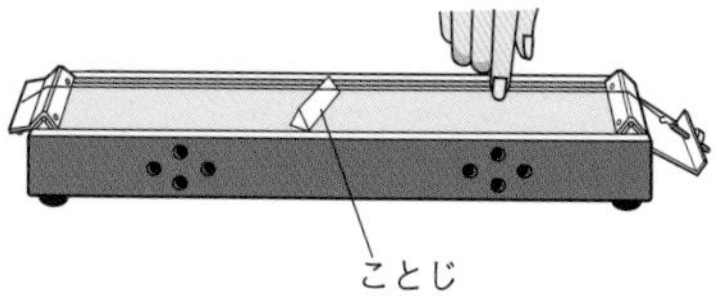

□ ❶ 弦のはじき方を変えて，音の大きさを調べた。はじき方を変えると，弦は下の図のⓐ～ⓤのようになった。

① 最も大きな音が出たのは，ア～ウのどれか。　（　　　）

② 弦を最も強くはじいたのは，ア～ウのどれか。　（　　　）

③ 音の大小は，振動の何と関係があるか。　（　　　　）

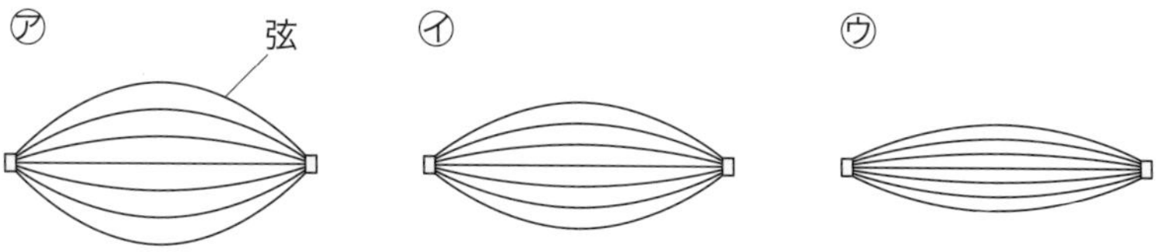

□ ❷ 弦をはじいて，高い音が出るようにするには，どうすればよいか。次のア～エから正しいものをすべて選びなさい。　（　　　　　）

ア 弦をはる力を弱める。　　イ 弦をはる力を強める。

ウ ことじを右に移動させる。　　エ ことじを左に移動させる。

【 音と波形 】

❻ 図は，いろいろな音をマイクロホンを通してコンピュータの画面に表したもので，縦軸（たてじく）は振動の振れ幅を表している。これについて，次の問いに答えなさい。

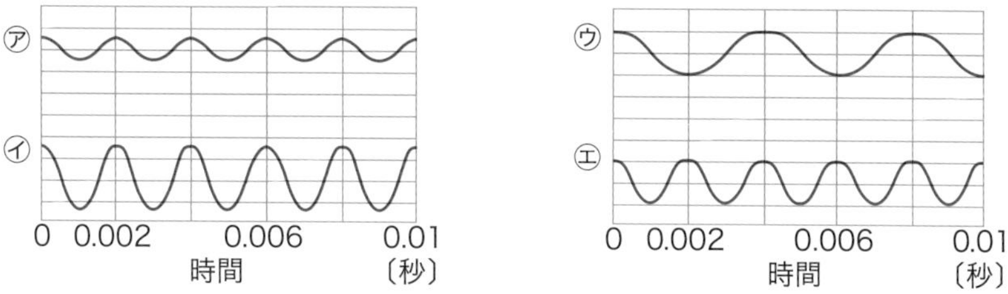

□ ❶ ア～エのうち，最も大きな音はどれか。　（　　　）

□ ❷ ❶で，その音を選んだ理由を簡単（かんたん）に書きなさい。

（　　　　　　　　　　　　　　　　　　　　　　　　）

□ ❸ ア～エのうち，最も低い音はどれか。　（　　　）

□ ❹ アの音と同じ高さの音はどれか。イ～エからすべて選びなさい。

（　　　　）

□ ❺ ❹で，そう判断した理由を簡単に書きなさい。

（　　　　　　　　　　　　　　　　　　　　　　　　）

ヒント ❺❷ウエことじを左右に動かすと，はじく部分の長さが変わる。

ミスに注意 ❻❷❺理由を問われているので，「～から」「～ため」と答える。

［解答▶p.19］

Step 1 基本チェック　力のはたらき (1)

10分

赤シートを使って答えよう！

❶ 力のはたらき

□ ［力］には，物体を変形させたり，速さや向きを変えたりするなどのはたらきがある。

□ 変形した物体がもとにもどろうとして生じる力を［弾性力（弾性の力）］という。

□ 地球や月などが物体を，その中心に向かって引く力を［重力］という。

□ 磁石の極と極の間にはたらく力を［磁力（磁石の力）］という。

□ プラスチックの下じきに紙片や髪がくっついて持ち上がることがある。このときにはたらく力を［電気力（電気の力）］という。

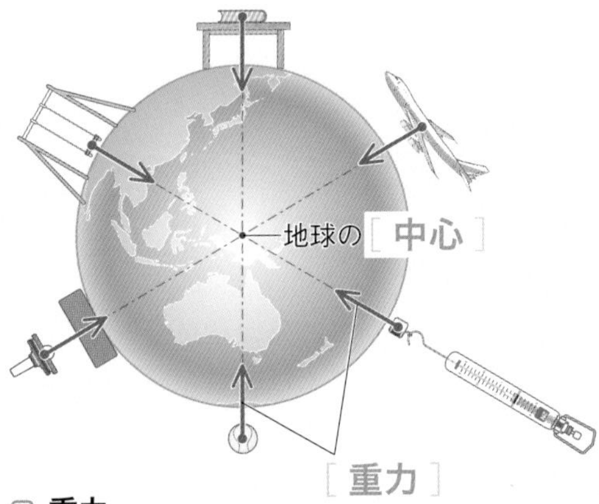

□ 重力

□ 重力や磁力，電気力は，［はなれて］いてもはたらく力である。

❷ 力の大きさのはかり方

□ 力の大きさは［ニュートン］(記号N)という単位で表す。1 Nは，約100 gの物体にはたらく重力の大きさ（重さ）である。

□ ばねののびは，ばねに加わる力の大きさに［比例］する。この関係を［フック］の法則という。

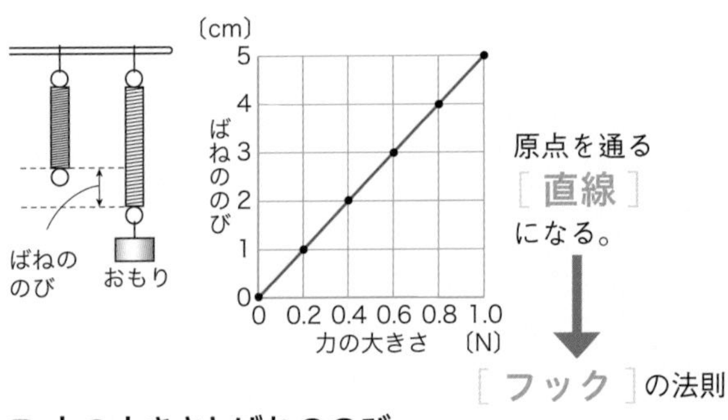

□ 力の大きさとばねののび

テスト に出る　ばねに加える力の大きさとばねののびの関係に関する計算問題はよく出る。

Step 2 予想問題　力のはたらき(1)

20分
（1ページ10分）

【 力のはたらき 】

❶ 図のように，それぞれの物体に力がはたらいたときに見られる変化や現象は，次のA，Bのどれにあたるか。

□

A　物体を変形させる。

B　物体の速さや向きを変える。

① 下敷きを両手で押す。

（　　　）

② 机を持ち上げて運ぶ。

（　　　）

③ ゲートボールのボールを打つ。

（　　　）

【 いろいろな力 】

❷ 地球上にあるすべての物体には，重力がはたらいているので，物体から手を離すと，すべて地面に向かって落ちていく。図の場合，物体が落ちていかないように，手にかわって支えている力は何か。力の名称を書きなさい。

□ ❶ ばねにつるされた物体

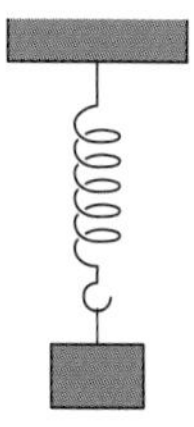

（　　　　　）

□ ❷ 同じ極を向かい合わせた磁石

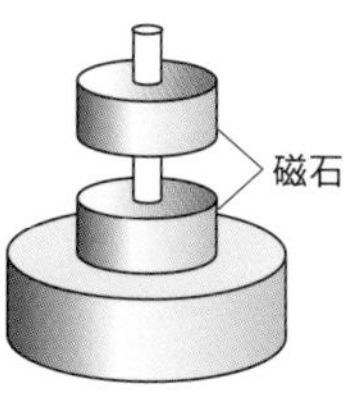

（　　　　　）

□ ❸ 下じきにくっついて持ち上がった髪の毛

（　　　　　）

ヒント ❷物体どうしが離れていても，力ははたらいている。

【力とばねののび】

❸ 長さ10 cmのばねにいろいろなおもりをつり下げ，ばねに加わる力の大きさとばねののびとの関係を調べた結果をグラフにした。これについて，次の問いに答えなさい。

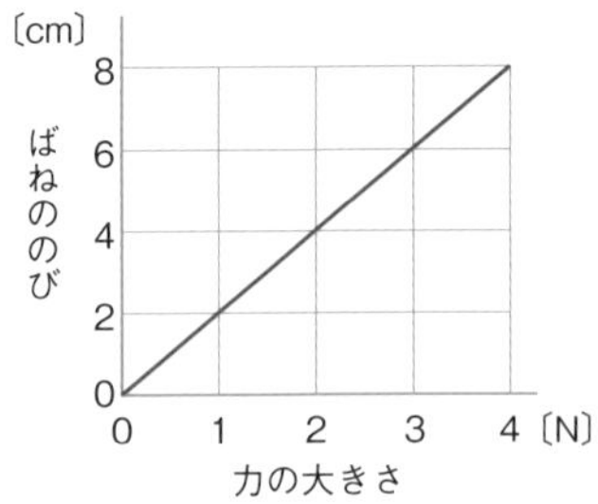

□ ❶ ばねに加わる力とばねののびとの間には，どのような関係があるか。（　　　　　　　　）

□ ❷ このばねを1 cmのばすのに何Nの力が必要か。（　　　　N）

□ ❸ ばねに2.5 Nの力が加わったとき，ばねの長さは何cmになるか。（　　　　cm）

【力の大きさのはかり方】

❹ 図1のような装置（そうち）に，2種類のばねをとりつけ，1個20 gのおもりをつるしてばねののびを調べた。表は，おもりの数をふやしながら，ばねののびを調べた結果である。これについて，次の問いに答えなさい。

図1

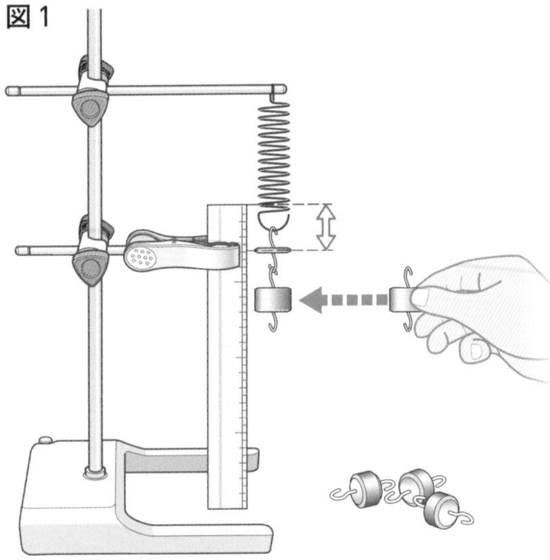

おもりの数〔個〕	0	1	2	3	4	5
ばねAののび〔cm〕	0.0	1.1	2.0	3.0	3.9	5.0
ばねBののび〔cm〕	0.0	0.4	0.9	1.2	1.5	2.0

□ ❶ おもりを5個つるしたときに，ばねにはたらく力の大きさは何Nか。ただし，100 gの物体にはたらく重力の大きさを1Nとする。（　　　　N）

□ ❷ 表より，力の大きさとばねA，Bののびの関係を，それぞれ図2のグラフにかきなさい。

□ ❸ ばねに加わる力の大きさとばねののびとの間には，一定の関係がある。これを何の法則というか。（　　　　の法則）

図2

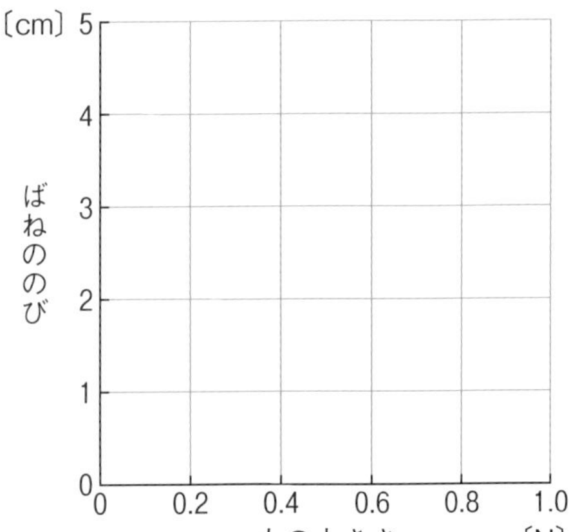

ヒント ❸❷❸グラフより，1Nで2cmのびる。

ミスに注意 ❹❷表の値（あたい）をグラフに•でかき，誤差（ごさ）を考えて直線をひく。

［解答▶p.20］

Step 1 基本チェック　力のはたらき(2)

10分

赤シートを使って答えよう！

❸ 重さと質量

□ 場所が変わっても変化しない，物質そのものの量を［質量］といい，［上皿てんびん］ではかることができる。

❹ 力の表し方

□ 力を表すには，力の［大きさ］，力の［向き］，［作用点(力がはたらく点)］を考える必要がある。

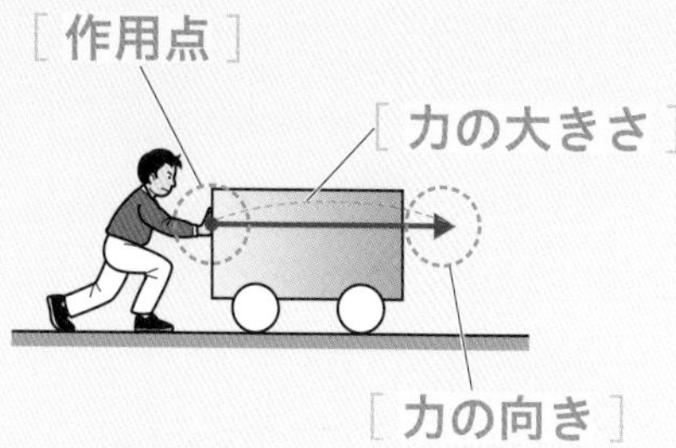

□ 力の表し方

❺ 1つの物体に2つの力がはたらくとき

□ 1つの物体にはたらく2力がつり合うには，2力の［大きさ］が等しく，2力の向きが［反対(逆)］で，2力が［一直線上］にある（作用線が一致する），という3つの条件が必要である。

□ 物体を動かすとき，物体が動こうとする向きと反対向きに，物体どうしがふれ合う面ではたらく力を［摩擦力］という。

□ 物体が面を押すとき，面から物体に対して垂直に，同じ大きさではたらく力を［垂直抗力(抗力)］という。この大きさは，重力の大きさに［等しい］。

本を押しても動かないとき，本が指に押される力と，本が机から受ける［摩擦力］は，つり合っている。

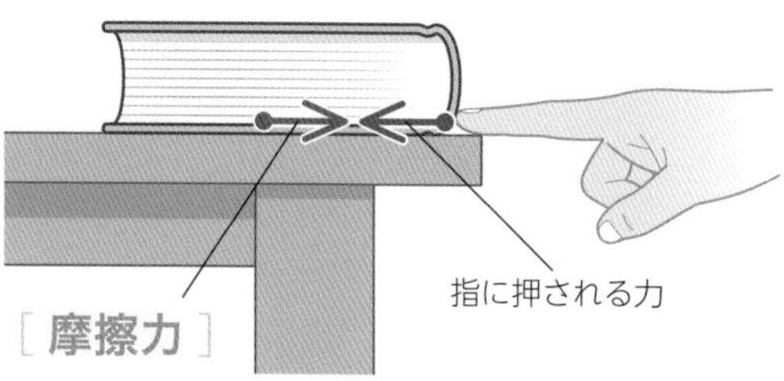

本が机の上で静止しているとき，本にはたらく重力と，机から本にはたらく［垂直抗力(抗力)］は，つり合っている。

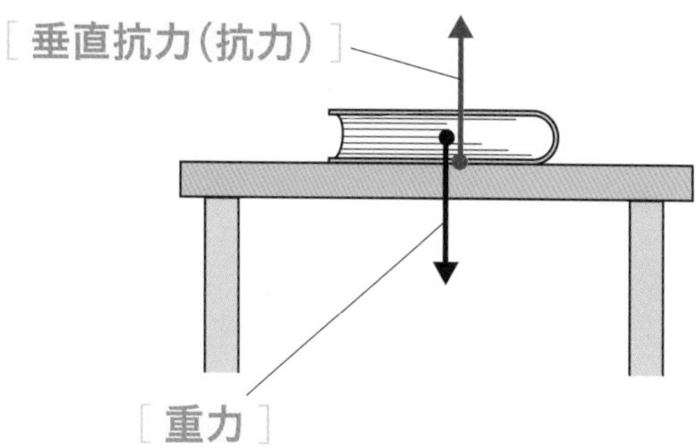

□ 物体にはたらく2力

テストに出る 物体にはたらく力を見つけられるようにしよう。

Step 2 予想問題 力のはたらき（2）

20分（1ページ10分）

【重力と質量】

❶ 質量200 gの物体について，地球上と月面上で，ばねばかりや上皿てんびんを使って調べた。これについて，次の問いに答えなさい。

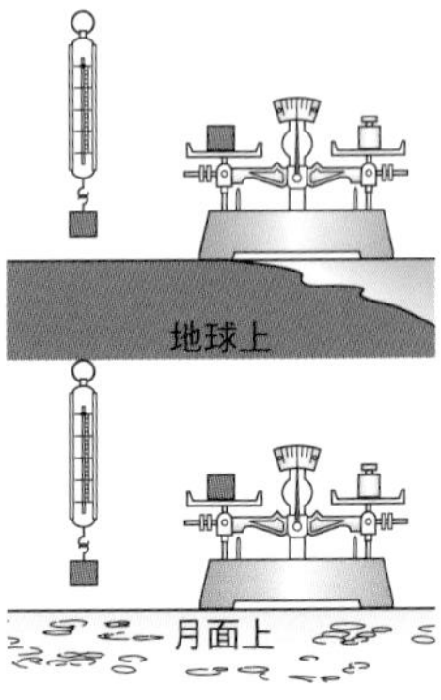

□ ① 地球上でこの物体をばねばかりにつり下げた。ばねばかりは何Nを示すか。（　　N）

□ ② この物体を月面上で上皿てんびんにのせると，何gの分銅とつり合うか。（　　g）

□ ③ この物体を地球上と月面上とで同じばねにつるしたら，どちらのばねののびが大きいか。（　　）

【力の大きさと表し方】

❷ 次の各図にはたらいている力を，図に矢印でかきなさい。

□ ① 台車を 25 N で前に押す力（10 N を 1 cm とする）

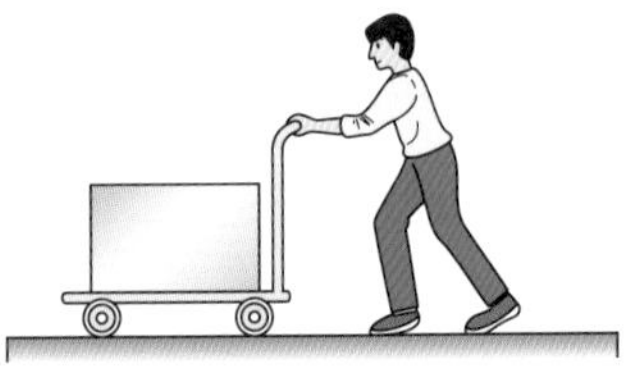

□ ② 糸でつるされた 200 g の物体にはたらく重力（1 N を 1 cm とする）

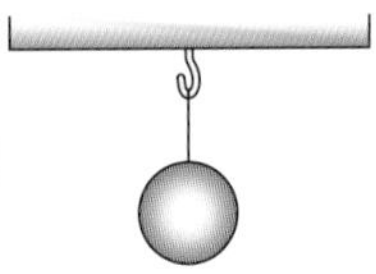

□ ③ ばねを手で右向きに 15 N で引く力（10 N を 1 cm とする）

□ ④ 200 g の浮いている磁石に下の磁石からはたらく力（1 N を 1 cm とする）

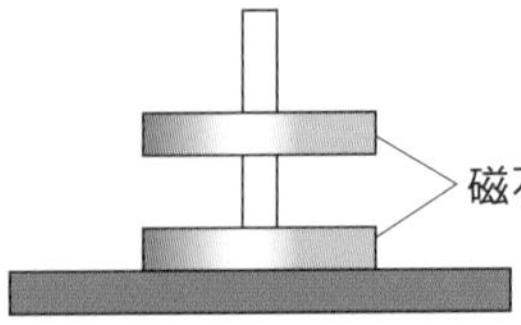

物体にはたらく重力は，物体のあらゆるところにはたらいているけど，矢印で表すときは，物体の中心を作用点として，1本の矢印に代表させてかくよ。

ヒント ❶②上皿てんびんでは，物体にも分銅にもそれぞれ同じ重力がはたらいている。

ミスに注意 ❷力がはたらく場所に作用点を • ではっきりと示す。

［解答▶p.21］

【 押しても動かないとき 】

❸ 図のように，床の上にある物体をある人が水平に５Nの力で押したが，物体は動かなかった。これについて，次の問いに答えなさい。

□ ❶ 人が物体を押したにもかかわらず，物体が動かなかったのは，物体に何という力がはたらいたからか。（　　　　　）

□ ❷ ❶の力について述べた次の文の（　　）に適切な言葉を書きなさい。

作用点は，物体と（①　　　　）との接したところで，力の向きは図の（②　　　　）向きである。力の大きさは（③　　　　）Nである。

【 力のつり合い 】

❹ 右のように，力を矢印で表して，物体に２つの力がはたらいているようすを㋐～㋓の図にした。次の問いに記号で答えなさい。

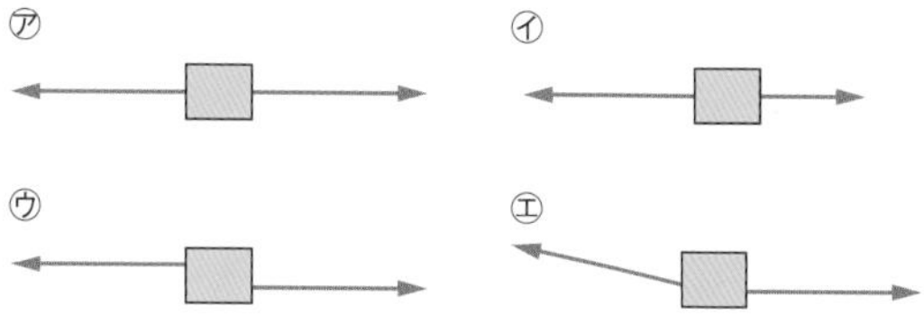

□ ❶ つり合っている２力を表している図はどれか。（　　　）

□ ❷ 物体にはたらく２力の大きさが等しくないので，つり合っているとはいえない図はどれか。（　　　）

□ ❸ 物体にはたらく２力が逆向きでないので，つり合っているとはいえない図はどれか。（　　　）

□ ❹ 物体にはたらく２力が一直線上にないので，つり合っているとはいえない図はどれとどれか。（　　　　　）

❺ 各図に矢印で表された力とつり合う力を，図に矢印でかきなさい。

□ ❶ おもりにはたらく重力

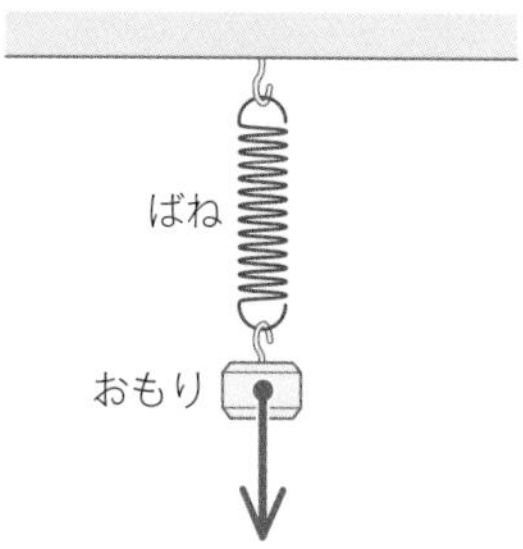

□ ❷ コードが電灯を引く力

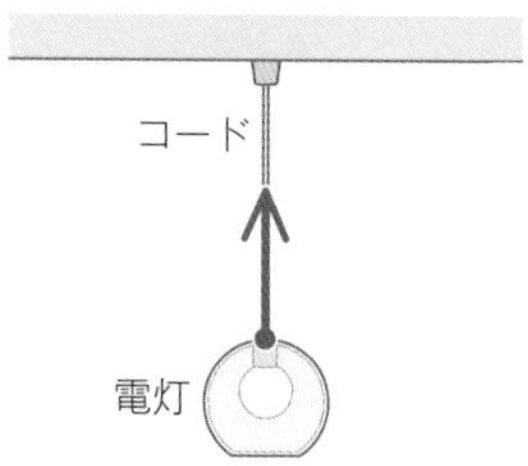

ヒント ❸❷力を加えても動かなかったのは，押す力と❶の力がつり合っているからである。

［解答▶p.21］

Step 3 予想テスト 身のまわりの現象（光・音・力）

30分　/100点　目標 70点

❶ 光の進み方について，次の問いに答えなさい。技

□ ❶ 図１のように，鏡の前に白い玉をつけた棒を立てた。図２は，真上から見たようすである。次に，白い玉の高さに目の高さを合わせて，Ａ～Ｅの位置から鏡を見た。このとき，白い玉が鏡に映って見えた位置はどこか。Ａ～Ｅからすべて選びなさい。

図１
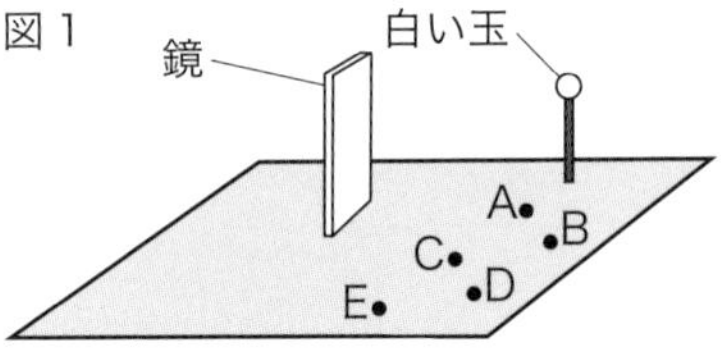

図２
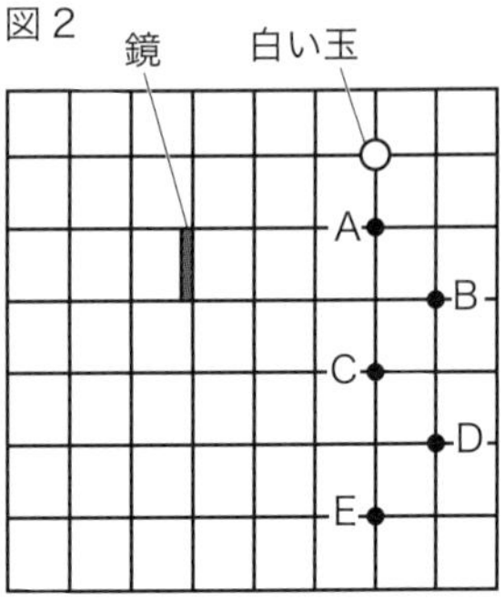

□ ❷ 厚いガラスの向こうにチョークを置き，図３の点Ｐの位置からガラスを通してチョークを見た。チョークはどのように見えるか。次の㋐～㋓から１つ選びなさい。

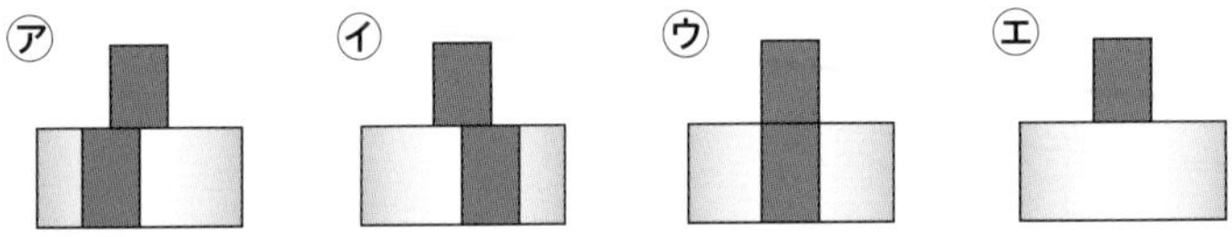

図3
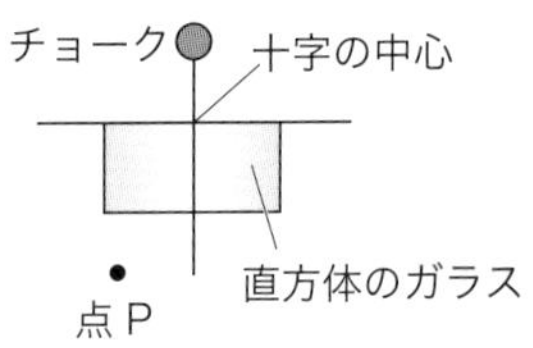

❷ 図のように，校舎から300 mの位置にＡ君が，その後方250 mの位置にＢ君が立っている。Ａ君が校舎に向かって大声を出したところ，Ｂ君はそのこだまを2.5秒後に聞いた。これについて，次の問いに答えなさい。技

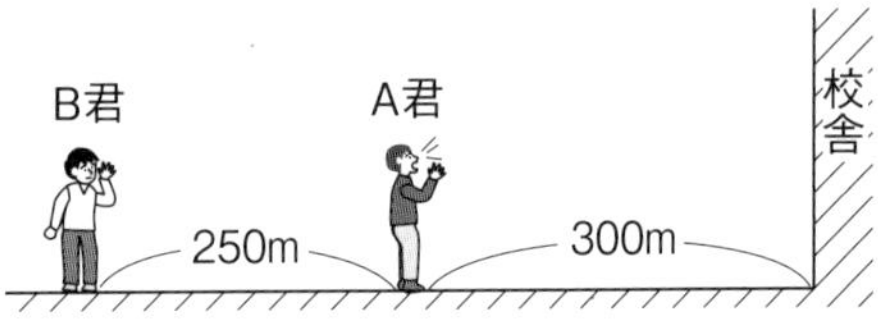

□ ❶ このことから，音の伝わる速さを求めると何m/sか。

点UP □ ❷ Ａ君が，自分が出した声のこだまを聞くのは，声を出してから何秒後か。四捨五入して小数第１位まで求めなさい。

❸ 図のようなモノコードを使って，音の高さを調べた。これについて，次の問いに答えなさい。思

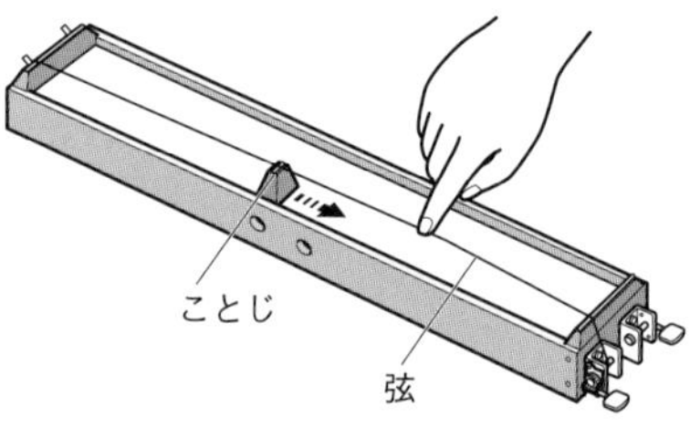

□ ❶ ことじを移動して，はじく弦の長さを短くしてはじいた。音の高さは，ことじを移動する前と比べてどうなるか。また，弦の振動数はどうなるか。

□ ❷ 弦のはり方を強くしてはじいた。音の高さと振動数は，弦はり方を強くする前と比べてどのように変化するか。

□ ❸ 弦を強くはじいた。音の高さと振動数は，はじく強さを変える前と比べてどうなるか。

❹ 丸い形の厚紙のA，Bに糸をとりつけ，次の❶～❹のように2本の糸を同時に引いた。このとき，2力がつりあっているものには○を，つり合っていないものは，どの条件が欠けているのか，㋐～㋒からすべて選びなさい。

□ ❶

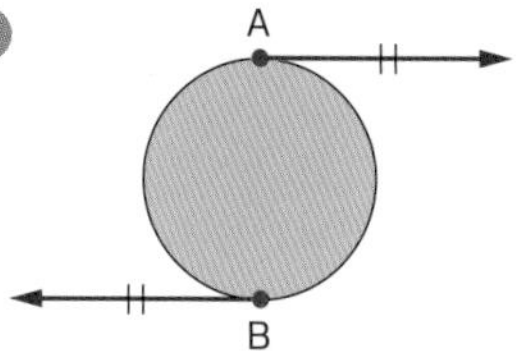

□ ❷

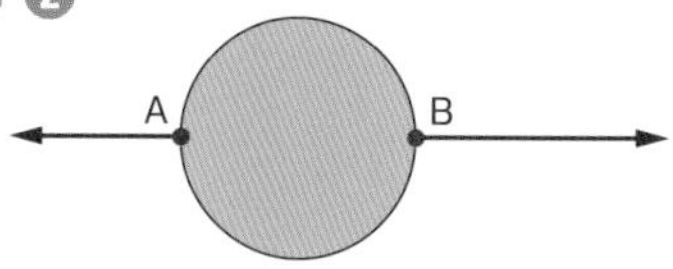

㋐ 2力の向きが反対である。
㋑ 2力の大きさが等しい。
㋒ 2力が一直線上にある。

□ ❸

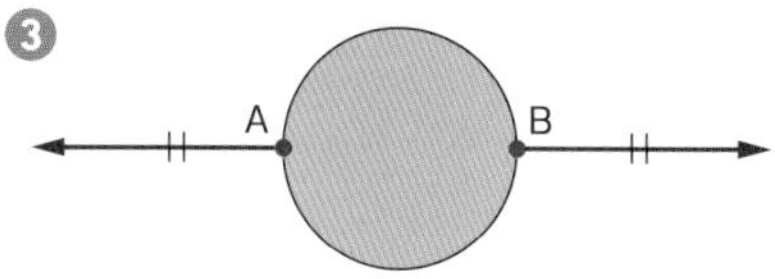

□ ❹

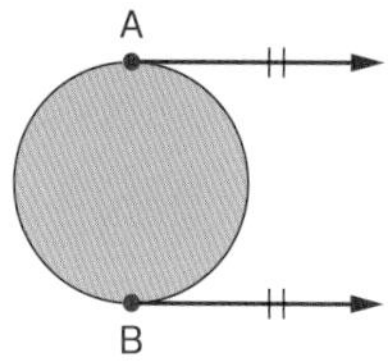

❺ ばねにおもりをつり下げて，力とばねののびとの関係を調べたところ，表のようになった。これについて，次の問いに答えなさい。 技 思

力の大きさ〔N〕	1	2	3	4
ばねののび〔cm〕	3.3	6.5	9.9	13.3

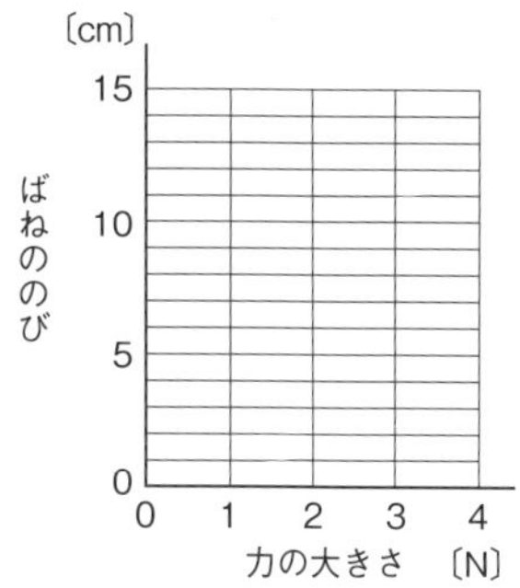

□ ❶ 表から，力の大きさとばねののびとの関係をグラフにかきなさい。

□ ❷ このばねに6 Nの力が加わると，ばねののびは何cmになるか。

□ ❸ 3 Nの力を加えたとき，ばねの長さは30 cmであった。このばねにおもりをつり下げないときの長さは何cmか。

□ ❹ ばねに力を加えて，ばねの長さが25 cmになったとき，ばねにはたらく力は何Nか。

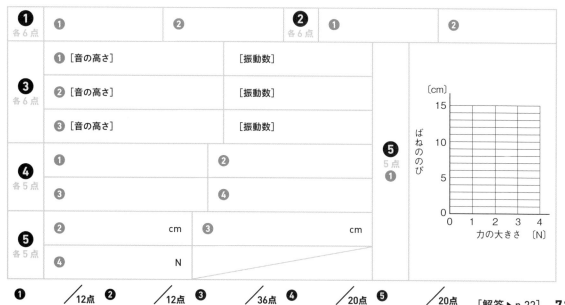

❶ 各6点	❶	❷
❷ 各6点	❶	❷
❸ 各6点	❶ [音の高さ]	[振動数]
	❷ [音の高さ]	[振動数]
	❸ [音の高さ]	[振動数]
❹ 各5点	❶	❷
	❸	❹
❺ 各5点	❷ cm	❸ cm
	❹ N	
❺ 5点 ❶		

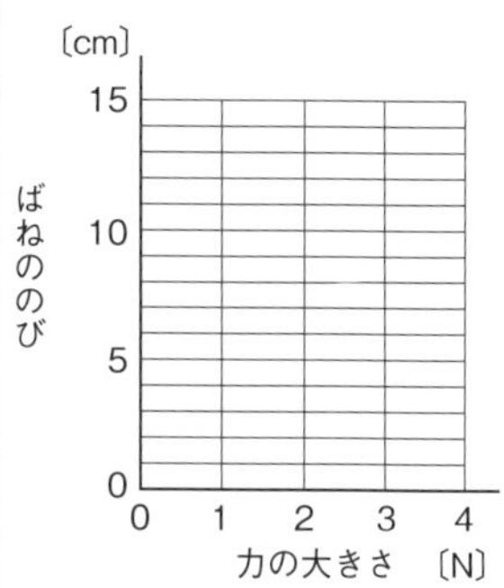

❶ ／12点 ❷ ／12点 ❸ ／36点 ❹ ／20点 ❺ ／20点

[解答▶p.22]

テスト前 ☑ やることチェック表

① まずはテストの目標をたてよう。頑張ったら達成できそうなちょっと上のレベルを目指そう。
② 次にやることを書こう（「ズバリ英語〇ページ，数学〇ページ」など）。
③ やり終えたら□に✔を入れよう。
最初に完ぺきな計画をたてる必要はなく，まずは数日分の計画をつくって，
その後追加・修正していっても良いね。

目標

	日付	やること 1	やること 2
2週間前	／	□	□
	／	□	□
	／	□	□
	／	□	□
	／	□	□
	／	□	□
	／	□	□
1週間前	／	□	□
	／	□	□
	／	□	□
	／	□	□
	／	□	□
	／	□	□
	／	□	□
テスト期間	／	□	□
	／	□	□
	／	□	□
	／	□	□
	／	□	□

QRコードのページに登録すると，「ぴたリンク」からも表をダウンロードできるよ

キリトリ線

テスト前 ☑ やることチェック表

① まずはテストの目標をたてよう。頑張ったら達成できそうなちょっと上のレベルを目指そう。
② 次にやることを書こう（「ズバリ英語○ページ，数学○ページ」など）。
③ やり終えたら□に✔を入れよう。
最初に完ぺきな計画をたてる必要はなく，まずは数日分の計画をつくって，
その後追加・修正していっても良いね。

目標

	日付	やること 1	やること 2
2週間前	／	□	□
	／	□	□
	／	□	□
	／	□	□
	／	□	□
	／	□	□
	／	□	□
1週間前	／	□	□
	／	□	□
	／	□	□
	／	□	□
	／	□	□
	／	□	□
	／	□	□
テスト期間	／	□	□
	／	□	□
	／	□	□
	／	□	□
	／	□	□

QRコードのページに登録すると，「ぴたリンク」からも表をダウンロードできるよ

全教科書版 理科1年 | 定期テスト ズバリよくでる | 解答集

いろいろな生物とその共通点

p.3-5 **Step ❷**

❶ ① ㋑ ② ㋑

❷ ① **立体**

② ⓐ**接眼レンズ** ⓑ**対物レンズ** ⓒ**粗動ねじ** ⓓ**微動ねじ**

③ **60倍**

④ ⓒ

⑤ ㋒

❸ ① ㋑→㋒→㋔→㋐→㋓

② ㋒

❹ ① **A がく B 花弁 C 柱頭 D 子房 E やく**

② 記号**D** 名称**種子**

③ **C**

④ **離弁花**

⑤ ㋒

❺ ① **Q**

② ⓑ

③ **胚珠**

④ **花粉のう**

⑤ **種子**

⑥ **花粉**

⑦ ㋑

❻ ① **子房**

② **裸子植物**

③ **被子植物**

④ **種子植物**

考え方

❶ ① ルーペはつねに，目に近づけて使う。ルーペを使うとき，観察するものが動かせるときは観察するものを前後に動かし，動かせないときは観察するものに自分が近づいて，ピントを合わせる。

② スケッチは，観察したものの特徴がよくわかるように，細い線と小さな点ではっきりとかく。理科でのスケッチは，美術のように，ぬりつぶしたり影をつけたりしない。

❷ ① 双眼実体顕微鏡は，観察物を立体的に観察するために用いる。

③ 拡大倍率＝ⓐの倍率×ⓑの倍率。よって，拡大倍率＝15×4＝60 より，60倍。

⑤ 高倍率にすると，レンズを通る光の量が少なくなるので，視野はせまくなり，暗くなる。レンズをつける順序は，鏡筒の内部にほこりが入らないように，ⓐの接眼レンズを先につける。はずすときは，その逆になる。

❸ ② 結果には事実だけを書く。

❹ ② 受粉後，胚珠は種子に，子房は果実に変化していく。

③ 植物には，花粉が風によって運ばれる風媒花，虫によって運ばれる虫媒花などがある。柱頭は，ねばりけがあり，花粉がつきやすくなっている。

④⑤ アブラナの花弁は，1枚1枚が離れている。タンポポの花弁は，縦に細いすじがある1枚に見えるが，花弁がたがいにくっついている状態であり，小さな花がたくさん集まって，1つの花に見える。また，イネには，花弁やがくがない。

❺ ① Pは雌花，Qは雄花で，Rは前年の雌花である。マツでは，雄花から出た花粉が，雌花の胚珠についてから1年以上かかって種子ができる。

②④ 雄花のりん片（ⓑ）についている㋑は花粉のうである。

③⑤ 雌花のりん片（ⓐ）についている㋐は胚珠で，むきだしになっている。

⑥⑦ マツの花粉はとても軽く，風に乗って遠くまで運ばれる。

❻ ➊ ➋ 果実になるのは子房である。マツには子房がないので，果実ができない。スギやイチョウ，ソテツも，マツと同じように子房がなく，胚珠がむきだしでついている。

p. 7 - 8　Step 2

❶ ➊ **網状脈（網目状の葉脈）**
➋ 2 枚
➌ なかま**双子葉類**　根**C**
➍ **根毛**
➎ ㋒
❷ ➊ 根ⓓ　茎ⓑ
➋ **胞子のう**
➌ ㋑
➍ **胞子**
❸ ➊ **A スギゴケ　B ゼニゴケ**
C ゼンマイ　D スギナ
➋ **AとB コケ植物　CとD シダ植物**
➌ ㋐と㋓
➍ ① A，B　② C，D
❹ ➊ ⓑ㋗　ⓒ㋑　ⓔ㋒　ⓗ㋔
➋ **種子**
➌ ㋒

考え方

❶ ➊ Aは平行脈，Bは網状脈である。
➋ ➌ 単子葉類は，子葉は1枚で，平行脈（A），ひげ根（ⓒ）をもつ。双子葉類は，子葉は2枚で，網状脈（B），主根（ⓐ）と側根（ⓑ）をもつ。
➎ アブラナ，タンポポ，ホウセンカの葉脈は，網状脈である。
❷ シダ植物は，胞子でなかまをふやし，根・茎・葉の区別がある。茎は，地下茎になっているものが多い。
➋ ➌ Pは胞子のうで，葉の裏に多数見られる。
➍ Qは胞子のうの中に入っている胞子で，湿った地面に落ちると発芽して成長する。
❸ シダ植物とコケ植物のちがいは，維管束があるか，根・茎・葉の区別があるか，雄株と雌株に分かれているか，の3点である。
➍ ①コケ植物には根がないため，水や養分は体の表面からとり入れている。根のように見える部分は仮根といい，体を地面に固定する役割がある。
❹ 植物のなかま分けは，なかまのふやし方（種子か，胞子か）→子房の有無→子葉の数（1枚か，2枚か）→花弁のようす（花弁がくっついているか，離れているか），という順序でしっかり整理しておこう。
➋ 受粉後，胚珠は種子に，子房は果実になる。
➌ Eグループのシダ植物やコケ植物は，どちらも葉緑体をもち，光合成をしている。㋐は被子植物の双子葉類，㋑は被子植物の単子葉類の特徴である。㋓はコケ植物のみの特徴である。

p.10-11　Step 2

❶ ➊ **草食動物**
➋ **肉食動物**
➌ ㋐，㋒
➍ ㋓**犬歯**　㋔**臼歯**
➎ **ライオン**
➏ **広い。**
❷ ➊ **骨格**
➋ **脊椎（セキツイ）動物**
❸ ➊ **D 毛（体毛）　E うろこ**
➋ **A 鳥類　B は虫（ハチュウ）類**
➌ ㋑
➍ **胎生**
➎ ㋑
➏ 特徴 **（かたい）殻をもつ。**　産卵数 **魚類**
➐ **大きい。**

考え方

❶ ➌ 草食動物の歯は，草を切ったり，すりつぶしたりするために，門歯や臼歯が発達している。

④ 肉食動物の歯は，獲物をとらえるための犬歯と，皮膚や肉をさき，骨をくだくための臼歯が発達している。

⑤⑥ 目が正面に向いていると，立体的に見える範囲が広くなり，獲物までの距離をはかってとらえるのに適している。草食動物の目は横についていて，立体的に見える範囲はせまいが，視野が広く，広範囲を見渡して，肉食動物が近づくのをいち早く知ることができる。

❷ 脊椎動物の骨格は，骨が互いに組み合わさり，筋肉が発達して，すばやく力強い動きができる。

❸ ② A：体の表面が羽毛でおおわれているので，鳥類である。B：体の表面がうろこでおおわれているので，は虫類である。

③ 魚類や両生類は，水中に卵を産む。卵には殻がないため，水中に産まないと乾燥にたえられない。

④ 哺乳類は，雌が子を体内である程度成長させてから産む。

⑥ 両生類の卵は寒天質で，は虫類の卵は弾力性のあるじょうぶな殻で，鳥類の卵は石灰質のかたい殻でおおわれている。

⑦ 魚類や両生類は，親が卵や子をまったく世話しないので，生き残る確率も小さい。そのため，産卵数は非常に多い。

p.13-15 Step ❷

❶ ① **イ**
② **外骨格**
③ **気門**
④ **a**
⑤ **㋑**

❷ ① **えら**
② **節足動物**
③ **A，D**

❸ ① **外とう膜**
② **内臓**
③ **b**
④ **えら**
⑤ **無脊椎（無セキツイ）動物**

❹ ① **背骨（脊椎）がない。**
② **無脊椎（無セキツイ）動物**
③ **A，B，D**
④ **軟体動物**
⑤ **㋑，㋒**
⑥ **㋐，㋓，㋔**

❺ ① **a 背骨　b 気門**
② **ヤモリE　イモリC**
③ **陸上**
④ **胎生**
⑤ **子はえら（や皮膚）で，親は肺（や皮膚）で呼吸する。**

考え方

❶ ① トノサマバッタのからだは，頭部，胸部，腹部の3つに分かれていて，胸部から，あしが3対でている。

③④ 胸部や腹部にある気門から空気をとりいれて呼吸をしている。

⑤ マイマイは軟体動物の貝類，ダンゴムシは節足動物の甲殻類，ミミズは軟体動物・節足動物以外の無脊椎動物のなかまである。

❷ ① エビは水中で生活するなかまである。水中で生活する生物の多くは，えらで呼吸している。

③ エビやカニのなかまを甲殻類という。

❸ ①② アサリは軟体動物で，図のaの外とう膜で，内臓がある部分を包んでいる。

③④ アサリは水中で生活する貝のなかまである。

⑤ 無脊椎動物には，背骨がないことや，筋肉を使って体を動かすことや，胃など内臓があるなどの共通点がある。

▶ 本文 p.14-17

❹ AのダンゴムシとDのエビは節足動物の甲殻類，Bのバッタは節足動物の昆虫類，Cのイカは軟体動物，EのクラゲとFのミミズをふくめてすべて，無脊椎動物のなかまである。
❶ 無脊椎動物に共通する特徴を答える。
❸ 体に節があるのは，外骨格をもつなかまである。
❹❺❻ アサリやタコ，イカ，マイマイなどが軟体動物のなかまで，内臓が外とう膜におおわれている。脊椎動物のような骨格はなく節足動物のような節もない。多くは卵生で，えら呼吸である（マイマイは異なる）。

❺ Aはバッタ，Bはカニ，Cはイモリ，Dはフナ，Eはヤモリ，Fはニワトリ，Gはウサギである。
❶ a がある動物とない動物に分類する。7種類の動物は，大きく脊椎動物と無脊椎動物に分けられる。Aはバッタなので， b は，気門とわかる。
❷ ヤモリはは虫類，イモリは両生類である。
❸ かたい殻がある卵は，乾燥に強い。
❺ 両生類は，子と親で呼吸の方法が変化するという特徴がある。

p.16-17 Step 3

❶ ❶ 種子
❷ 雌花
❸ B
❹ ⓐ 記号㋒ 名称花粉のう
ⓑ 記号㋔ 名称胚珠
❺ D
❻ 双眼実体顕微鏡
❼ F 接眼レンズ G 視度調節リング
H 対物レンズ
❽ 立体的に見える。

❷ ① 種子 ② 種子 ③ 胞子 ④ 被子
⑤ 子房 ⑥ 裸子 ⑦ シダ ⑧ ある
⑨ コケ ⑩ ない ⑪ 双子葉 ⑫ 主根
⑬ 単子葉 ⑭ ひげ ⑮ 網状（網目状の葉）
⑯ 平行（平行な葉） ⑰ 2 ⑱ 1 ⑲ 合
⑳ 離

❸ ❶ 背骨（脊椎）をもたない動物。
❷ A ㋒ B ㋐ C ㋑
❸ ① メダカ ② ネコ ③ カナヘビ

考え方

❶ アブラナの花とマツの花を比較する問題は，よく出る。
❶ 受粉後，胚珠は種子に，子房は果実になる。
❷❸ 図2のAは雌花で，雌花のりん片は図3のDである。図2のBは雄花で，雄花のりん片は図3のCである。
❹❺ Cのⓐは花粉のうで，中には花粉が入っている。図1のアブラナの花で花粉が入っているのは，おしべのやく（㋒）である。Dのⓑは胚珠で，アブラナの胚珠は，子房の中にある。雌花の胚珠は受粉後に種子になり，雌花はまつかさ（E）になる。
❽ 双眼実体顕微鏡は，プレパラートをつくる必要がなく，観察物を立体的に観察できる。

❷ 植物のなかま分けをできるように，この図をしっかり覚えておこう。

❸ クモ以外の動物を分類すると，ネコは哺乳類，カナヘビはは虫類，メダカは魚類，ワシは鳥類，サンショウウオは両生類である。
❷❸ Bの特徴に「はい」で右に進むとサンショウウオになるのだから，Bは，両生類の特徴（㋐）が入る。「胎生である」に「はい」となるのは，哺乳類だけなので，②にはネコが入る。残った動物のカナヘビの特徴は㋑，メダカは㋑と㋒である。このことから，Aに㋑の「体表はうろこでおおわれている。」は入らない。したがって，Cが㋑，Aは㋒となる。

身のまわりの物質

p.19-21 **Step 2**

❶ ❶ ㋑→㋐→㋒
❷ ㊁

❷ ❶ **石灰水**
❷ ふくまれているもの**炭素**
物質**有機物**
❸ **食塩**

❸ ❶ **電子てんびん，上皿てんびん，など**
❷ **水を入れたメスシリンダーの中に入れ，体積が増加した量をはかる。**
❸ 名称**鉛**　密度**11.35 g/cm³**

❹ ❶ ㋑
❷ ㋕
❸ ㋒
❹ **82.4** cm³ **(82.3，82.5 cm³も正解)**
❺ **A**

❺ ❶ **C**
❷ **8.95** g/cm³
❸ **D**
❹ **銅**

❻ ❶ **小さい**
❷ **小さい**
❸ ㋔

考え方

❶ ❶ ガスバーナーに火をつける場合，元栓(もとせん)を開け，コックを開けて，ガスライター（マッチ）に火をつけた後，bのガス調節ねじをゆるめて点火する。その後，aの空気調節ねじを回して青い炎(ほのお)にする。
❷ 炎の色がオレンジ色のときは，空気の量が不足している。ガスの量を増(ふ)やさずに空気の量を増やすには，bのガス調節ねじを動かさないようにして，aの空気調節ねじを開く（Qの方向に回す）。

❷ ❶ 物質を燃焼したときに，二酸化炭素が発生したことを確認(かくにん)するには，石灰水(せっかいすい)を用いる。
❷ 燃焼して二酸化炭素が発生したということから，物質に炭素がふくまれていたことがわかる。
❸ 実験2の結果では，物質Aだけ燃えなかった。このことから，物質Aは無機物である。

❸ ❶ 質量を測定する器具には，電子(でんし)てんびんや上皿てんびんがある。
❷ 液体中に入れ，体積が増加した分が，その物体の体積である。水に入れると，入れた物体の分だけ，体積がふえる。
❸ 密度(みつど)〔g/cm³〕は，質量〔g〕÷体積〔cm³〕で求められる。
鉄　63.0 g÷8.0 cm³＝7.875 g/cm³
銅　17.9 g÷2.0 cm³＝8.95 g/cm³
アルミニウム
16.2 g÷6.0 cm³＝2.7 g/cm³
鉛(なまり)　45.4 g÷4.0 cm³＝11.35 g/cm³

❹ ❶ ❷ メスシリンダーの目盛(めも)りは，液面のもっとも低い位置を真横から水平に見て読みとる。
❹ 拡大図(かくだいず)から，このメスシリンダーの1目盛りは1 cm³。最小目盛りの$\frac{1}{10}$まで読みとるので，1 cm³の$\frac{1}{10}$まで値(あたい)を書く。
❺ Aの密度
＝65.0 g÷65.0 cm³＝1.00 g/cm³
Bの密度
＝65.0 g÷82.4 cm³＝0.788… g/cm³
同じ質量のとき，体積が小さい物質のほうが密度は大きい。

❺ ❶ 体積をそろえて考える。表1から，例えば体積をすべて6 cm³にすると，A：17.9 g $\times\frac{6}{2}$＝53.7 g，B：20.0 g$\times\frac{6}{3}$＝40.0 g，C：46.0$\times\frac{6}{5}$＝55.2 g　D，Eはそれぞれ表1より53.7 g，16.0 gなので，もっとも数値(すうち)が大きいものはCである。また，体積が同じで，質量が同じであるものは，同じ物質である。

❷ 密度〔g/cm³〕= 質量〔g〕÷ 体積〔cm³〕より，Aの密度は，
$17.9\ g \div 2.0\ cm^3 = 8.95\ g/cm^3$

❹ 密度が同じものは同じ物質であることから，もっとも数値が近い銅だと考えられる。

❻ ❶ ❷ 液体の密度よりも密度が小さい物質は，その液体に浮き，液体の密度よりも密度が大きい物質は，その液体に沈む。

❸ 水溶液の密度は，エタノール＜水＜濃い食塩水の順に大きい。表より，すべての水溶液に沈んだ物質Bがもっとも密度が大きいことがわかる。また，物質Cは水に浮くことから，水よりも密度が小さい。したがって，密度の大きさの関係は，エタノール＜物質C＜水＜物質A＜濃い食塩水＜物質Bとなる。

p.23-25 Step 2

❶ ❶ **A 水にとけにくい**
B 水にとけやすい
C 密度が空気よりも大きい（空気より重い）
D 密度が空気よりも小さい（空気より軽い）

❷ ㋐ **水上置換法**
㋑ **下方置換法**
㋒ **上方置換法**

❸ **装置の中にあった空気が多くふくまれているから。**

❷ ❶ **過酸化水素水（オキシドール）**
❷ **（線香が）激しく燃える。**
❸ **二酸化炭素**
❹ **白くにごる。**

❸ ❶ **塩化アンモニウム（と）水酸化カルシウム**
❷ **発生した水蒸気が，水となって逆流しないようにするため。（発生した水によって，試験管が割れることがあるため。）**
❸ **上方置換法**
❹ **水にとけるとアルカリ性を示す。**
❺ **青色**

❹ ❶ **水素**
❷ **水にとけにくい性質。**
❸ ㋒

❺ ❶ ㋐ D　㋑ A　㋒ F　㋓ B
㋔ C　㋕ E　㋖ G

❷

気体	薬品	集め方
A	c・f	③（②）
B	c・g	③
C	a・d	③
D	b・e	①

❸ **試験管の口を（水平より）少し下げる。**

考え方

❶ ❶ 気体の集め方は，水へのとけ方のちがいと空気と比べた密度のちがいによって分けられる。

❷ 水と気体との置きかえが水上置換法，空気と気体との置きかえが上方・下方置換法である。

❷ ❶ 酸素の発生方法は，二酸化マンガンにうすい過酸化水素水（オキシドール）を加える。

❷ 酸素には，ものを燃やすはたらきがある。

❸ 石灰石や卵の殻のように，おもな成分が炭酸カルシウムでできている物質に塩酸や食酢などを加えると，二酸化炭素が発生する。

❹ 二酸化炭素には，石灰水を白くにごらせる性質がある。

❸ ❶ アンモニアの発生方法には，水酸化カルシウムと塩化アンモニウムを混ぜたものの加熱や，アンモニア水の加熱がある。塩化アンモニウムに水酸化ナトリウムを加えたものに，水を注いでも発生する。

❷ 塩化アンモニウムと水酸化カルシウムが反応してできた水が，試験管の加熱部分にふれると，試験管が割れてしまうおそれがある。

❸ 試験管やガラス管の先の位置にも注意する。

④ フェノールフタレイン（溶）液が赤くなるのは，アンモニアがとけこんだ液がアルカリ性だからである。アンモニアは，非常に水にとけやすいので，水にとけていくことによって丸底フラスコ内の気圧が下がり，水が吸い上げられて噴水のようになる（気圧については2年生で学習）。

⑤ BTB（溶）液は，酸性で黄色，中性で緑色，アルカリ性で青色になる。

❹ ① 亜鉛などの金属に塩酸を加えると水素が発生する。

② 水上置換法は，水にとけにくい気体を集めるときに使う。

③ 水素は気体の中でもっとも軽い気体である。

❺ ① 火をつけると音を立てて燃えるのが水素，ものを燃やすはたらきがあるのは酸素である。気体自身が燃えることと，他のものを燃やすはたらきとを区別すること。空気のおもな成分は窒素である。塩素と塩化水素は，まちがえやすいので注意する。どちらも有毒な気体で，水溶液は酸性を示すが，漂白作用や殺菌作用があるのは塩素である。

② うすい過酸化水素水はオキシドールともいう。塩酸は，水素の発生にも二酸化炭素の発生にも使われる。二酸化炭素は，水にとける量が少ないので，水上置換法でも集められる。アンモニアは，非常に水にとけやすく，空気より軽い。

③ 発生した水が逆流して，熱くなった試験管の底の部分にくると，試験管が割れるおそれがある。

p.27-28 Step ❷

❶ ① **溶質**

② **溶媒**

③ **早くとかすため。**

④ ㋒

⑤ ㋒

⑥ ㋒

⑦ 140 g

❷ ① **デンプン**

② 物質名**コーヒーシュガー**　色**茶色**

③ 数2　理由**水溶液は，透明であるから。**

④ ㋑

❸ ① 20%

② 90 g

③ 15%

考え方

❶ ① ② 溶液中にとけている物質を溶質，溶質をとかしている物質を溶媒という。溶質は気体の場合や液体の場合もある。例えば，塩酸は気体の塩化水素が水にとけた水溶液であり，酢酸水溶液は液体の酢酸が水にとけた水溶液である。

③ 溶液をつくるときに，かき混ぜても，とけ方が変わるのではなく，かき混ぜないときより短い時間で，溶質が溶媒の中に広がるだけである。

④ 下の図のように，溶質の粒子は，水の中でばらばらになり，一様に広がっていく。モデル図では，目に見えない小さな粒子を，目に見えるように大きく示している。

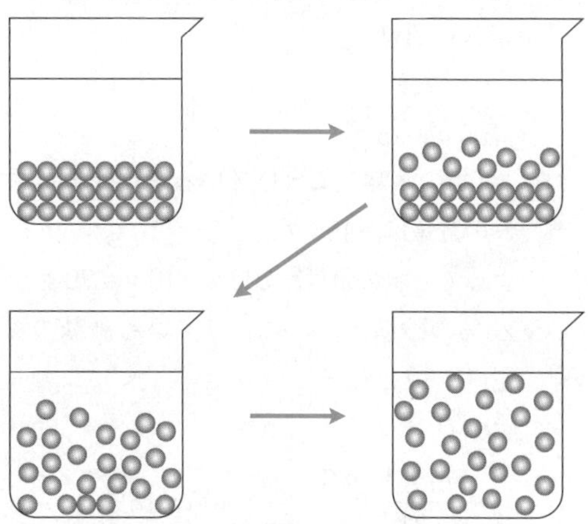

⑤ 水溶液の性質は，「透明である（色のついたものもある）」，「濃さはどの部分も同じである」の2点である。

⑥ 水溶液を放置していても，下のほうが濃くなったり，とけた砂糖が出てきたりすることはなく，砂糖が水の粒子と粒子の間に入りこみ，粒子がばらばらになって，一様に広がっている。

⑦ 溶液の質量＝溶媒の質量＋溶質の質量より，
120 g＋20 g＝140 g

❷ ① 水に入れてよくかき混ぜても，透明にならず時間がたつと固体が下に沈むものは，水溶液とはいえない。

② 水溶液には，色のついたものもある。

③ 水溶液の性質は，「透明」「濃さがどの部分も同じ」の２つである。物質を入れた液体が，透明にならなければ，水溶液ではない。透明であれば，色がついていても水溶液といえる。

④ 水溶液では，溶質の粒子の間に水が入りこみ，一様に広がっている。この状態は時間がたっても変化しない。コーヒーシュガーや食塩は水にとけるので，そのまま放置しておいても再び固体になって現れることはない。一方，デンプンは水にとけないので，時間がたつと底にたまる。

❸ 質量パーセント濃度〔%〕

$= \dfrac{\text{溶質の質量〔g〕}}{\text{溶液の質量〔g〕}} \times 100$ を使う。

① $\dfrac{25\ \text{g}}{100\ \text{g}+25\ \text{g}} \times 100 = 20\%$

② 100 gの水溶液にとけている塩化ナトリウムの質量は，$100\ \text{g} \times \dfrac{10}{100} = 10\ \text{g}$
よって，水の量は，100 g－10 g＝90 g

③ 20％の砂糖水80 gにとけている砂糖の質量は，$80\ \text{g} \times \dfrac{20}{100} = 16\ \text{g}$
よって，

$\dfrac{14\ \text{g}+16\ \text{g}}{14\ \text{g}+106\ \text{g}+80\ \text{g}} \times 100 = 15\%$

p.30-31　Step ❷

❶ ① **270** g
② **12** g
③ **26** g
④ **17** g
⑤ **溶解度**
⑥ **飽和水溶液**
⑦ **結晶**
⑧ ① **ろ過**
② **・ガラス棒を伝わらせて液を注いでいない。**
・ろうとのあしの長いほうをビーカーの（内）壁につけていない。

❷ ① **A 硝酸カリウム　B 塩化ナトリウム**
② **B**
③ **A**
④ **加熱して水を蒸発させる。**
⑤ **㋐**
⑥ **再結晶**

❸ ① **㋐，㋑，㋓**
② **混合物**
③ **純物質（純粋な物質）**

考え方

❶ 物質が液体にとける限度までとけている状態を飽和という。一定の量の水にとける物質の質量は，物質の種類や温度によって異なっている。

① 表より，80℃の水100 gにミョウバンは320 gまでとける。50 gとかしたから，求める量は，
320 g－50 g＝270 g

② 50 gの水には，表の数値の半分の量がとけるから，求める量は，
24 g÷2＝12 g

③ 40 ℃の水100 gにミョウバンは24 gまでとける。冷やす前は50 gとけているから，
50 g－24 g＝26 g

❹ 60 ℃，40 ℃の水50 gにとけるミョウバンは，それぞれ，
58 g÷2＝29 g，24 g÷2＝12 g
したがって，出てくるミョウバンは，
29 g－12 g＝17 g

❽ ろ過をすると，液体にとけていない固体と液体を分けることができる。ろ紙には，小さい穴があいていて，この穴よりも小さい物質は通りぬけるが，穴よりも大きな物質はろ紙の上に残る。正しいろ過のしかたは右図の通り。液はろ紙の８分目以上は入れない。ろうとのあしは，長いほうをビーカーの(内)壁につける。また，液はガラス棒を伝わらせて，少しずつ注ぐ。

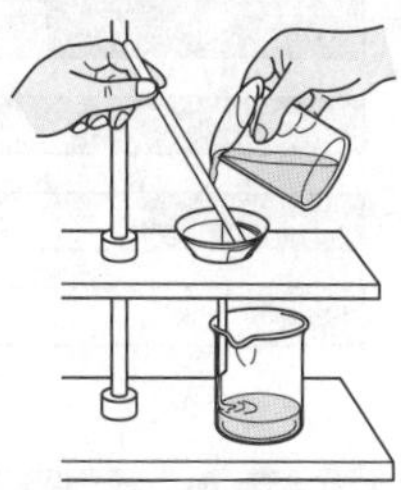

❷ 硝酸カリウムは，温度による溶解度の変化が大きい。一方，塩化ナトリウムは，温度による溶解度の変化がほとんどない。

❸ 温度による溶解度の変化が大きい物質は，温度を下げると多くの固体が出てくる。

❹ グラフより，Bは温度による溶解度の変化はあまりない。したがって，温度を下げても，固体はほとんど出てこない。とかしている水を蒸発させて減らすと，固体が出てくる。

❺ 水溶液からとけきれずに出てくる固体は，特有の規則正しい形をしており，結晶とよばれる。㋑はミョウバンの結晶，㋒は硝酸カリウムの結晶，㋓は硫酸銅の結晶である。

❸ 海水は，水に塩化ナトリウムなどがとけているので，混合物である。炭酸水も，水に二酸化炭素がとけている混合物である。水や二酸化炭素は１種類の物質でできているので，それぞれは純物質（純粋な物質）である。

p.33-34 Step 2

❶ ❶ **状態変化**
❷ **㋐，㋒，㋔**
❸ **大きくなる。**
❹ **物質の質量**
❺ **㋐**
❻ **大きくなる。**

❷ ❶ **①㋑　②㋒　③㋐**
❷ **㋑**
❸ **㋐**
❹ **（気体ほど自由ではないが）比較的自由に動き回る。**

❸ ❶ **沸騰石**
❷ **液体が急に沸騰（突沸）することを防ぐため。**
❸ **㋒**
❹ **沸点**
❺ **ガラス管の先が液体につかっていないことを確認する。**

❹ ❶ **B，D**
❷ **E**

考え方

❶ ❶ 物質が固体，液体，気体の間で状態を変えることを状態変化という。

❷ 固体から液体や気体，液体から気体になることは，加熱によって起こる状態変化である。

❸ いっぱんに，固体から液体，液体から気体に状態が変化すると，物質の体積は増加する。例えば，液体のエタノールが気体になると，体積はおよそ490倍になる。

❹ 質量は状態が変わっても変化しない，物質固有の量である。例えば，液体のエタノールを入れたポリエチレンの袋に熱湯をかけると，液体から気体に変化するため，体積が増加して袋はふくらむ。逆に，気体になったエタノールを冷やすと液体に変化し，ポリエチレンの袋はしぼむ。この変化の過程でエタノールの粒子は，ポリエチレンの袋の外には出ないので，質量は変化しない。

❺ ドライアイスは二酸化炭素の固体であり，直接気体に変化する。このように，固体から直接気体に状態変化したり，気体から直接固体に状態変化したりするものもある。

❻ いっぱんに，液体が固体になるときは体積が小さくなるが，水は例外として，氷になると体積が大きくなる（水の1.1倍）。よって，密度が小さくなるので，氷は水に浮くのである。なお，水は，4 ℃で体積がもっとも小さくなる。

❷ ❶ 物質を構成する粒子は，固体では，すきまなく規則正しく並んでいるが，液体になると，粒子の間隔が固体よりも広くなり，比較的自由に動くようになる。気体では，さらに間隔が広く，自由に飛び回っている。

❷ 枠の大きさ（体積）が同じなので，粒子の数が多いものほど密度は大きい。

❸ ❹ 固体，液体，気体の順に粒子の運動は激しくなり，物質の温度は高くなる。

❸ ❸ 図２は，エタノールが液体から気体になるまでの温度変化を示している。Bは沸騰が始まったときで，液体と気体が混じっている状態である。沸騰が終わるまで，温度は変化しない。

❹ 沸騰している間は，加えた熱はすべて状態変化に使われるため，温度は上がらない。このときの温度を沸点という。

❺ 冷やされた水が逆流すると，試験管が割れるおそれがある。

❹ ❶ 融点以下のときは固体，融点以上で沸点以下のときは液体，沸点以上のときは気体になっている。融点が20 ℃より低く，沸点が20 ℃より高い物質。20 ℃のとき，AとCは固体，Eは気体である。

❷ 酸素は室温で気体である。つまり，沸点が室温より低い物質である。

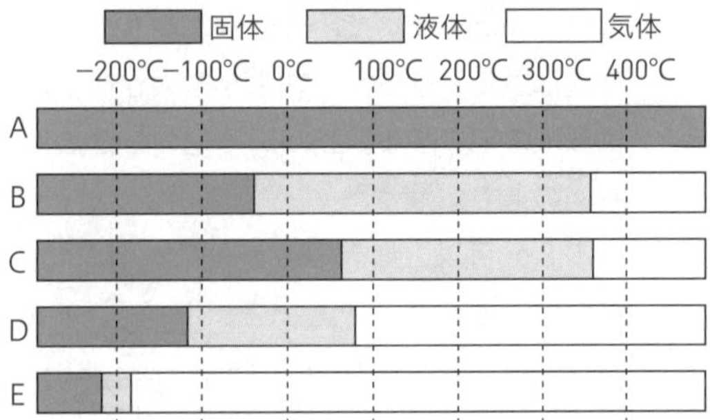

p.36-37 Step ❷

❶ ❶ **蒸留**

❷ **沸点**

❸ **右図**

❹ ㋐ **混合物**　㋑ C　㋒ A

❺ **グラフに平らになるところがない。**

❷ ❶ ㋒

❷ **手であおぐようにしてかぐ。**

❸ A

❹ A

❺ C

❻ **エタノールの沸点のほうが，水の沸点よりも低い。**

❸ ❶ **低くなっている。**

❷ **混合物**

考え方

❶ ❶ ❷ 沸点は物質の種類によって決まっている。そのため，液体の混合物を分けるときは，沸点のちがいを利用することができる。沸点がちがう混合物を加熱すると，沸点が低い物質が先に気体になって出てくる。その気体を再び冷やして，その物質を液体として集めることができる。

▶ 本文 p.36-39

❸ 蒸気（気体）の温度を調べるので，蒸気の出口（フラスコの枝の部分）に，温度計の液だめをもってくる。

❹ 水もエタノールも気体になっているので，A，B，Cとも両方の物質をふくむ混合物である。マッチの火を近づけたときの結果から，Aには沸点の低いエタノールが多くふくまれていることがわかる。

❺ 純物質（純粋な物質）は，沸点が決まっているので，グラフに平らな部分ができるが，混合物の沸点は，決まった温度にはならない。

❷ ❶ 赤ワインは，水とアルコールのほかにも，さまざまな物質が混ざっている混合物である。蒸留をすることで，水とエタノールが気体となって出てくるが，その他の物質はフラスコの中に残る。

❹ エタノールを多くふくんでいる液体はよく燃える。

❺ はじめに出てくる気体はエタノールを多くふくむ。さらに加熱を続けると，だんだん水を多くふくむようになる。

❻ 沸点が低いほうが，先に出てくる。

❸ 石油は，いったん気体にして，じょじょに温度を下げて，沸点の高いものから順に液体にして分けている。石油は，さまざまな有機物をふくむ混合物である。そのままでは使えないので，蒸留して，用途に応じた油をとり出している。

p.38-39 Step ❸

❶ ❶

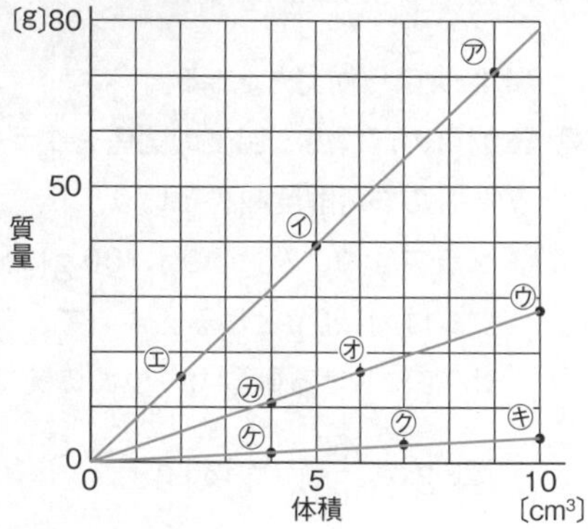

❷ **3 種類**

❸ **㋖**

❹ **鉄**

❷ ❶ **溶解度曲線**

❷ **180 g**

❸ **30 g**

❹ ① **再結晶**　② **㋓**　③ **130 g**

❸ ❶ A ㋓　B ㋔　C ㋑　D ㋒　E ㋐

❷ **A，C，D**

❹ ❶ **D**

❷ **融点**

❸ **変わらない。**

考え方

❶ ❶ それぞれの物質の質量は，体積に比例するので，グラフは，原点を通る直線となる。また，グラフの傾きは密度を表している。

❷ 原点を通る直線を引くと，3本の直線を引くことができる。各々の直線の傾きは密度（質量÷体積）を表しているので，直線上の点の物質は，密度が同じであるといえる。物質の種類が同じであれば，密度も同じであるので，物質は3種類ということになる。

❸ 水の密度は1 g/cm³なので，グラフにかきこむと，10 cm³のとき10 gの点を通る直線になる。この直線は，ちょうど㋖の真上の目盛りを通ることになる。この直線の傾きより小さな傾きの直線上の物質が水に浮くので，㋘と㋗と㋖が水に浮く。このうち，もっとも体積が大きいのは㋖である。

❹ ㋐は，質量が約71 g，体積が9 cm³だから，

$$\frac{71\ \mathrm{g}}{9\ \mathrm{cm}^3} = 7.88\cdots \mathrm{g/cm}^3$$

よって，㋐は鉄である。

❷ ❶ 物質の溶解度(ようかいど)と温度の関係をグラフに表したものを溶解度曲線という。

❷ グラフより，60 ℃の水100 gに硝酸(しょうさん)カリウムは約120 gとける。よって，60 ℃の水150 gにとける硝酸カリウムの質量は，

$$120\ \mathrm{g} \times \frac{150\ \mathrm{g}}{100\ \mathrm{g}} = 180\ \mathrm{g}$$

❸ 60 ℃の水100 gに硝酸カリウムは120 gとけて，飽和水溶液(ほうわすいようえき)が220 gできる。したがって，飽和水溶液が55 gであるとき，とけている硝酸カリウムの質量をx〔g〕とすると，

$120\ \mathrm{g} : 220\ \mathrm{g} = x : 55\ \mathrm{g}$

よって，$x = 30\ \mathrm{g}$である。

❹ ① 物質を溶媒(ようばい)にとかして，溶液からその物質を再び結晶(けっしょう)としてとり出すことを再結晶という。

② ろ過するとき，ろうとのあしの長いほうは，ビーカーの（内）壁につける。液体をビーカーからろうとに流しこむときは，ガラス棒(ぼう)を伝わらせる。

③ Aの状態では，水100 gに硝酸カリウムが約150 gとけている。10 ℃まで冷やすと溶解度は20 gに減少するので，結晶として出てくるのは，

$150\ \mathrm{g} - 20\ \mathrm{g} = 130\ \mathrm{g}$

❸ ❶ A：石灰水(せっかいすい)に二酸化炭素を通すと，水にとけにくい炭酸カルシウムができるために白くにごる。二酸化炭素はそれ自身が燃えず，ほかのものを燃やすはたらきもないので，消火剤(しょうかざい)に利用されている。

B：アンモニアは水に非常によくとけ，その水溶液はアルカリ性を示す。空気よりも軽いので上方置換法(ちかんほう)で集める。

C：水素はもっとも軽い気体で，よく燃える。

D：酸素それ自身は燃えないが，ほかのものを燃やすはたらきがある。水素と結びついて（水素を燃やして）水ができる。

E：塩素は，水にとけやすく，殺菌(さっきん)作用や漂白(ひょうはく)作用がある。

❷ 水上置換法は，水にとけにくい気体を集める方法である。二酸化炭素は水にとけるが，とける量は少しなので，水上置換法でも集めることができる。

❹ ❶ パルミチン酸がすべてとけて，液体になれば，加えた熱は液体の温度上昇(じょうしょう)に使われる。

❷ 固体がとけて液体に変化する間は，温度は一定であり，その温度を融点(ゆうてん)という。

❸ 融点は物質の量に関係なく，物質の種類によって決まっている。パルミチン酸の量を2倍にすると，固体から液体に状態変化する時間が長くなる。

大地の成り立ちと変化

p.41 Step 2

❶ ① A 断層　Bしゅう曲
② プレート
③ 沈降

❷ ① 岩石の破片などで，目をけがしないようにするため。
② 泥
③ ㋐
④ 隆起

考え方

❶ ① Aは，大きな力がはたらいて地層が破壊され，ずれてできた断層である。Bは，長期間に大きな力がはたらいて，波打つように曲がったしゅう曲である。
② プレートは，地球内部の高温の岩石の上を動いている。たとえば，太平洋で生まれたプレートは，1年間に約8 cmの速さで日本へ向かって動いている。
③ 地震や火山の噴火など，大きな大地の変動があると，大地の一部が沈むことがある。

❷ ① 飛び散った岩石の破片や割れ口によるけがから身を守るために，作業用手袋や保護眼鏡を着用する。岩石などを採取するときは，周囲に人や傷つきやすいものがないことを確認し，落石にも注意する。岩石ハンマーは，平らな面を腰より低い位置で，大きく振りかざさずに打ち当てるようにする。
② 粒の大きさが2 mm以上のものをれき，2～$\frac{1}{16}$ mmを砂，$\frac{1}{16}$ mmより小さいものを泥という。
③ 土砂が，水の底に堆積するときに，生物の遺骸やすみ跡が埋められ，生物のかたい部分などが化石になる。化石には，骨などのほかに，すあなや足跡などもある。なお，ホタテは海にすむ貝のなかまである。
④ 海の底に堆積した地層が陸上にあるということは，土地が隆起したと考えられる。

p.43-45 Step 2

❶ ① 初期微動
② 主要動
③ ㋐
④ ㋐P波　㋑S波
⑤ 初期微動継続時間

❷ ① 右図

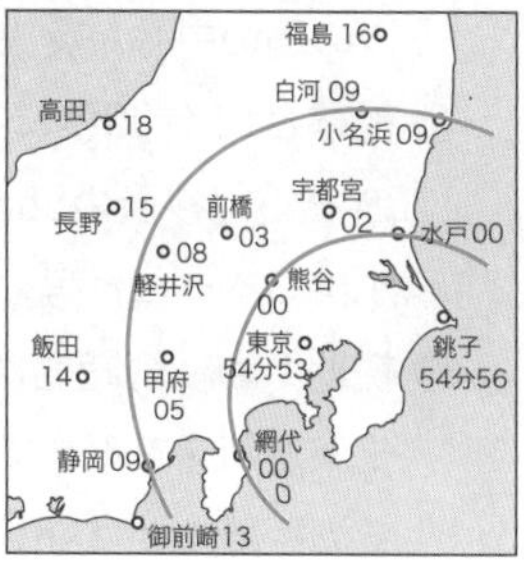

② ㊤
③ 55分20秒
④ 136 km

❸ ① 比例関係
② 約8 km
③ 約50秒

❹ ① D地点
② A地点
③ 8時10分0秒
④ 8時10分0秒
⑤ 約60秒

❺ ① ㋑
② ⓑ

❻ ① 太平洋側
② 深くなっている。
③ プレート
④ 断層
⑤ 活断層
⑥ 津波

考え方

❶ 地震のゆれには2種類ある。
速く伝わる波が最初の小さなゆれを起こし，後から大きなゆれを起こす波がやってくる。地震のゆれは，地震計に記録された波形からもわかるように，波となって伝わる。2種類の波のうち，伝わる速さが速い波をP波，遅い波をS波という。初期微動は，P波によるゆれで，主要動は，S波によるゆれである。なお，P波は，Primary wave（最初の波），S波は，Secondary wave（2番目の波）という言葉を略したものである。

❷ ① 55分00秒の地点を結ぶ曲線は，水戸，熊谷，網代を通るなめらかな円状の曲線になる。55分09秒の地点を結ぶ曲線は，小名浜，白河，静岡を通るなめらかな曲線になる。

② 地震のゆれは震央から一定の速さで，ほぼ同心円状に伝わる。よって，①でかいた２つの円の中心が震央である。

③ 前橋は55分03秒に初期微動がはじまったので，17秒後の55分20秒に主要動のゆれがはじまったと考えられる。

④ 初期微動継続時間は，Ｐ波が到達してからＳ波が到達するまでの時間である。震源までの距離を x〔km〕とすると，

$$\frac{x}{4}-\frac{x}{8}=17$$ より，

$x=136$ km

❸ 震源から出る２種類の波（Ｐ波，Ｓ波）は，進む速さがちがうので，観測地点に届く時刻に差が生じる。この差を初期微動継続時間という。

① グラフが原点を通る直線になることから，震源や震央からの距離は，初期微動継続時間と比例関係にあると考えられる。

② グラフより，初期微動継続時間が25秒のとき，震源距離は200 kmである。
よって，200 km÷25 s＝8 km/s

③ １秒長くなるごとに8 km遠ざかるから，
400 km÷8 km/s＝50 s

❹ ① 記録された地震の波の振幅がもっとも大きいのは，Ｄ地点である。

② 初期微動継続時間が長いほど，震源からの距離は遠いといえる。

③ Ｐ波は初期微動（はじめに伝わる小さなゆれ）を起こす波なので，小さなゆれがはじまった時刻を読みとる。

④ Ｓ波は主要動（初期微動に続いて起こる大きなゆれ）を起こす波なので，グラフより，１回目の大きなゆれがはじまった時刻を読みとる。

⑤ グラフから，Ｃ地点では，８時11分０秒に主要動がはじまったことがわかる。

❺ ① 地震計は，地震のときに記録紙は動くが，おもりと針はほとんど動かない。そのため，針の先につけたペンで地面のゆれを記録できる。

② ばねが，ⓑの上下方向にとりつけられているので，上下方向のゆれが記録される。

❻ ① 日本付近では，海洋プレートが大陸プレートの下に沈みこんでいる。沈みこむ海洋プレートに引きずり込まれた大陸プレートが，ゆがみにたえきれなくなったとき，地下の岩石が破壊されて，地震が起こる。

② 地震の震源は，プレートの境界にあるので，太平洋側から日本海側に近づくにしたがって，深くなる。

p.47-48 Step ❷

❶ ① **マグマだまり**

② **活火山**

③ マグマの**ねばりけ**

④ Ｂ

❷ ① **鉱物**

② **マグマ**

③ ⓐㄅ ⓑ㋐ ⓒ㋑

❸ ① **㋐等粒状組織　㋑斑状組織**

② **斑晶**

③ ㋑

④ **地下深い場所でゆっくり冷えてできる。**

❹ ① ㋑

② Ｅ

③ ㋐

考え方

❶ ① 地下深いところにできたマグマは上昇して，地下約10 kmほどの位置に停止し，マグマだまりとしてたくわえられる。このとき，鉱物の結晶ができはじめる。

❷ 日本は，世界の中でも火山が多い地域である。日本の火山には，現在活動していないものもあるが，いつ噴火するかわからないものもある。マグマにとけている気体が泡となって現れはじめると，密度が小さくなってマグマは上昇する。大地の割れ目などからマグマが噴出し，噴火が起こる。

❸ 火山の形や噴火のようすは，マグマのねばりけによって異なる。

❹ マグマのねばりけが小さいと，噴火のようすはおだやかになり，ねばりけが大きいと，噴火のようすは激しくなる。

❷ ❶❷ 火山灰は，結晶になっている鉱物や結晶ではない火山ガラスからなる。また，鉱物の色が黒っぽいほど，マグマのねばりけが小さく，鉱物の色が白っぽいほど，マグマのねばりけが大きい。

❸ 鉱物には，形や色に特徴がある。セキエイ，チョウ石，クロウンモはよく出るので覚えておこう。

❸ ❶ ㋐は，粒の大きさがほぼ同じである。このようなつくりをもつ火成岩を深成岩という。㋑は，大きな結晶と，それを囲む粒が見えない部分でできている。このようなつくりをもつ火成岩を火山岩という。㋐の例として花こう岩が，㋑の例として安山岩がよくテストに出る。

❷ ㋑の大きな結晶の粒を斑晶，そのまわりをうめている部分を石基という。

❸ この実験では，①は湯の中でゆっくりと冷え，②は氷水で急激に冷やされる。急激に冷やされたミョウバンの水溶液は，結晶が大きく育たない。

❹ 火山岩と深成岩のでき方については，テストによく出る。地下深いところは，地表よりも温度が高いため，地表や地表から浅い場所では急激に冷え，地下深くではゆっくり冷えることに注意する。

❹ ❶ 日本の太平洋側では，海洋プレートが大陸プレートの下に沈みこむ。

❷ 海洋プレートが，地下100〜150 kmほど沈みこんだあたりで岩石の一部がとけ，マグマが発生する。

❸ 大陸プレートの下に海洋プレートが沈みこんでいる場所には深い谷ができており，これを海溝という。海溝よりも浅い谷を，トラフという。❷で発生したマグマは，上昇して火山をつくる。したがって日本の火山は，海溝やトラフから少し離れた場所に，海溝やトラフに平行に分布している。

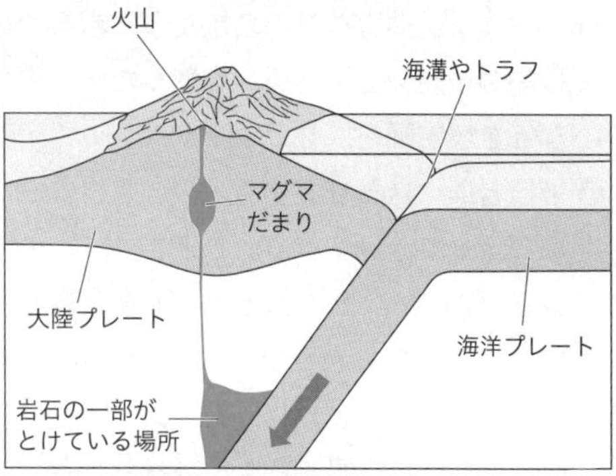

p.50-51 Step ❷

❶ ❶ 風化

❷ 太陽の熱（温度の変化），水

❸ 侵食

❹ 流れがゆるやかになった（り，止まったりする）ところ。

❷ ❶ A㋑　B㋐　C㋒

❷ 小さくなる。

❸ 柱状図

❸ ❶ れき岩

❷ 丸みを帯びている。

❸ 石灰岩，チャート

❹ うすい塩酸をかけて，気体（二酸化炭素）が発生するかどうかを調べる。

（別解）くぎで引っかき，傷がつくかどうかを調べる。

❹ ❶ ㋑

❷ B

❸ 示準化石

❹ ㋓

❺ ㋒

考え方

❶ ①② 地表の岩石は，厳しい自然環境の影響を受けて，もろくなり，くずれる。

③④ 川の水は，上流で浸食し，けずりとった土砂を下流へと運搬し，流れがゆるやかなところで堆積させる。

❷ ①② 粒の大きなものは海岸近くに沈み，粒の小さな（細かい）ものは，海岸から遠くへ運ばれる。

③ ボーリング調査などの結果から，岩石や堆積物の種類や上下関係，堆積した層の厚さなどを表す図を，柱状図という。

❸ ① 堆積岩は，岩石をつくる粒の大きさのちがいによって分けられる。れき岩は，粒の大きさが2 mm以上のれきからできた岩石，砂岩は，粒の大きさが$2〜\frac{1}{16}$ mmの砂からできた岩石，泥岩は，粒の大きさが$\frac{1}{16}$ mmより小さい泥でできた岩石である。

④ 石灰岩は，サンゴ・フズリナ・ウミユリのような石灰質の殻をもつ動物の遺骸が固まったものである。主成分は炭酸カルシウムであり，うすい塩酸をかけると二酸化炭素が発生する。チャートは，主成分が二酸化ケイ素のため，うすい塩酸をかけても気体は発生しない。

❹ ①②③ フズリナのなかまは，約3億年前に栄えた古生代の代表的な生物である。ほかに，サンヨウチュウも古生代に栄えた生物である。アンモナイトは，中生代に栄えた生物である。中生代の代表的な化石として，恐竜類もある。また，新生代では，ビカリアやデスモスチルス，マンモスが有名である。このように，限られた時代（期間）だけに生息した生物の化石が見つかれば，その地層が堆積した時代を推測することができる。このような化石を示準化石という。また，サンゴやシジミ，ブナなど，限られた環境でのみ生息する生物の化石が見つかれば，その地層ができた当時の環境を推測することができる。このような化石を示相化石という。

④ 火山の噴火によって噴出した火山灰は，粒の大きさがとても小さくて軽いため，風にのって遠くまで運ばれる。この火山灰が固まってできた岩石が凝灰岩であり，ふくまれている鉱物の割合から，同じ火山から噴出した火山灰であることがわかれば，地層のつながりを推測するための鍵層になる。

⑤ 図のような，階段状の地形を，海岸段丘という。図に見られる平らな部分は，海岸沿いで波に侵食された後に，隆起して海底から地上に現れた。図の海岸段丘は，この侵食と隆起を3回くりかえしてできたものである。

p.52-53 Step ❸

❶ ① ⓐ **セキエイ（石英）** ⓑ **チョウ石（長石）**

② **B斑状組織　D等粒状組織**

③ **B安山岩　D花こう岩（花崗岩）**

④ **（ねばりけが）大きい。**

❷ ① **㋒**

② **長くなる。**

③ **緊急地震速報**

④ **沈みこむ海洋プレートに大陸プレートがひきずられてひずみ，岩盤が破壊されて隆起した。**

❸ ① **鍵（かぎ）層**

② **火山の噴火**

③ **あたたかい浅い海**

④ **示相化石**

⑤ **㋒**

考え方

❶ ① ⓐとⓑは，無色・白色の鉱物なので，セキエイとチョウ石が考えられるが，結晶の形，とくに結晶の色からⓑがチョウ石となる。なお，チョウ石は，ほとんどの火成岩にふくまれている。

❷ 火成岩のうち，火山岩は，マグマが地表や地表近くで急に冷え固まったために，結晶にじゅうぶんに成長できなかった部分，あるいは結晶になれなかった部分である石基と，マグマが地下深くにあるときから，すでに結晶として成長していた部分の斑晶からなる斑状組織（B）である。一方，深成岩は，地下深くのマグマだまりなどでゆっくり冷え固まったため，粒の大きさがそろった等粒状組織（D）とよばれるつくりになっている。

❸ A，Dは白っぽい岩石で，Aが流紋岩，Dは花こう岩である。C，Fは黒っぽい岩石で，Cは玄武岩，Fは斑れい岩である。B，Eはその中間で，Bは安山岩で，Eはせん緑岩である。

❹ 盛り上がった形をしていることから，マグマのねばりけが大きいことがわかる。白っぽいマグマには，無色や白色の鉱物が多くふくまれている。つまり，セキエイやチョウ石を多くふくむマグマのねばりけは大きい。

❷ 地震のゆれは，水面に広がる波紋のように，どの方向にもほぼ一定の速さで伝わる。つまり，震央から遠くなるほど，地震が発生してからゆれはじめるまでの時間は長くなる。

❶ 下の図のように，ゆれはじめるまでにかかった時間が同じところを結ぶと，ほぼ同心円になる。その中心が震央である。

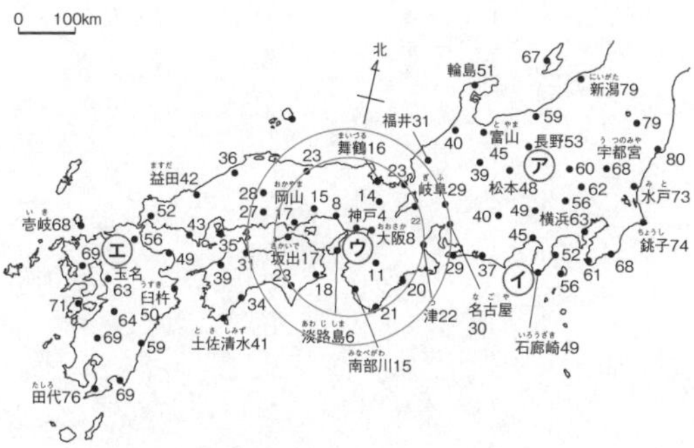

❸ 地震が発生すると同時に，P波とS波が発生する。S波の速度はP波よりもおそいため，震源に近い地点でP波を感知した後，S波の到達時間を予測して緊急地震速報や続報を発表する。この速報があれば，主要動がくる前に安全な位置に移動したり，列車のスピードを落としたりという対応ができる。

❹ 図2から，プレートが隆起したと同時に地震が発生していることがわかる。

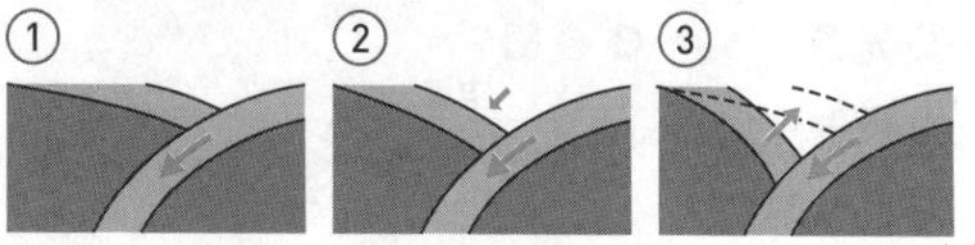

① 海洋プレートが大陸プレートの下に沈みこむ。

② 海洋プレートの動きにひきずられて，大陸プレートが沈む。

③ プレートにひずみがたまり，岩盤がたえきれなくなると破壊され，プレートがはね上がって地震が発生する。

❸ ❶❷ 火山灰は，風に乗って遠くまで運ばれ，堆積する。同じ火山から噴出した火山灰とわかれば，堆積した時期が特定でき，地層の上下関係から，地層のつながりを推測できる。

❸サンゴは，あたたかい浅い海にすむ生物である。

❺図1より，地点Aの地表の標高は120 m，地点Bは150 m，地点Cは130 mである。したがって，図2の凝灰岩は，地点Aでは地表に見えることから120 m，地点Bでは地表から深さ30 mのところにあるので，150 m − 30 m = 120 m，地点Cでは地表から深さ20 mのところにあるので，

130 m − 20 m = 110 mのところにある。

この結果から，東西は傾いていないこと，南北には南の方に低くなっていることがわかる。

▶ 本文 p.55-56

身のまわりの現象（光・音・力）

p.55-56 Step ❷

❶ ➊ **入射角**
➋ **等しい。**
➌ **20°**

❷ ➊ **像**
➋ **右図**
➌ **近づく。**

❷ ➋
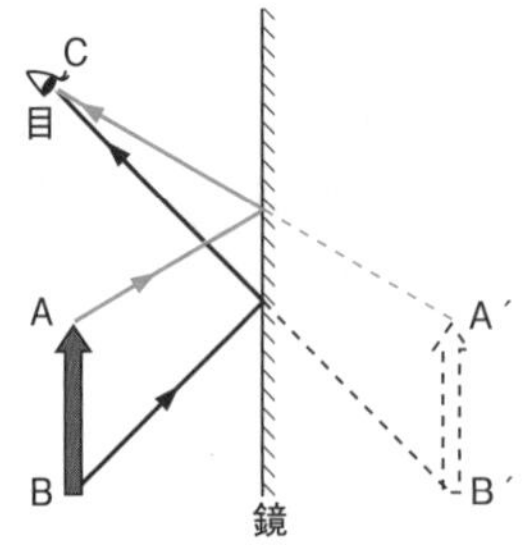

❸ ① **光源**
② **光源**
③ **反射**
④ **乱反射**
⑤ **反射**

❹ ➊ **屈折**
➋ 図1**B**
図2**D**
➌ **右図**
➍ **全反射**
➎ **右図**

❹ ➌ 図2
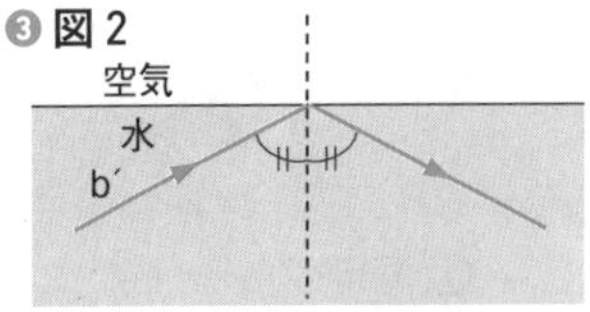

❹ ➎ 図3
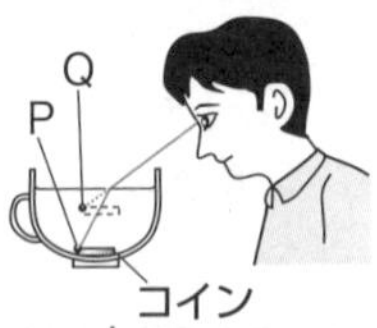

❺ 図1 **右図**
図2 ㋒
図3 ㋒

❺ 図1
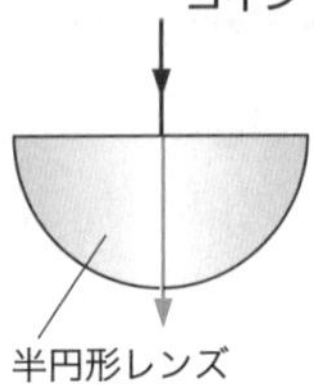

考え方

❶ ➋ 光が鏡で反射するとき，入射角と反射角は等しい（反射の法則が成り立つ）。
➌ 入射角が20°大きくなれば，反射角も20°大きくなる。

❷ ➋ 物体ABを鏡に映すと，鏡のおくに物体（像A′B′）があり，そこからまっすぐに光が進んできたように見える。しかし，物体Aから進んできた光は，実際にはA′から目に引いた直線と鏡との交点で反射して目に届いている。
➌ 見える大きさは，像から目までの距離で決まるので，鏡が物体に近づけば，できる像と目の距離も近づく。

❸ 太陽や電灯のように，みずから光を出す物体を光源という。光源から出た光や，光源から出た光が物体の表面で反射した光が目に入ると物体が見える。なめらかに見える物体でも，実は細かい凹凸があり，１つ１つの光がそれぞれ反射の法則に従って反射している。なお，物体の色は，物体の表面で反射した色が目に入って見えているので，吸収された色は見えない。

❹ ➌ ➍ 水やガラスから空気へ光が進むとき，入射角がある程度以上大きくなると，屈折して空気に出ていく光がなくなり，すべて反射する。これを全反射という。
➎ コインが浮き上がって見えたQの位置から出た光が，直進して目に入っているように見える。この光が，水と空気の境界の面で屈折するように作図する。

❺ 光が空気からレンズに入るときは，入射角＞屈折角となり，レンズから空気に入るときは，入射角＜屈折角となる。異なる物質に光がななめに入射するとき，光のほとんどは屈折して進み，一部が反射する。

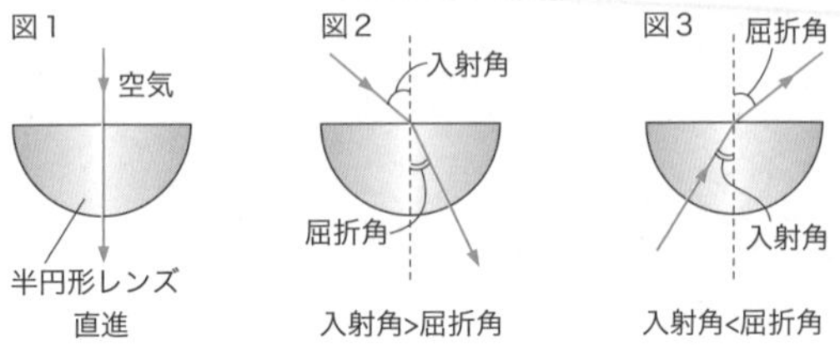

p.58-59 Step 2

❶ ① 焦点
② 焦点距離
③ 同じである。(変わらない。)
④ 短くなる。

❷ ① ㋒
② 小さくなった。
③ 物体と同じ向きに大きく見える。

❸ ① ㋓
② 10 cm
③ 動かす向きⓐ　像の大きさ小さくなる。
④ 虚像
⑤ 右図

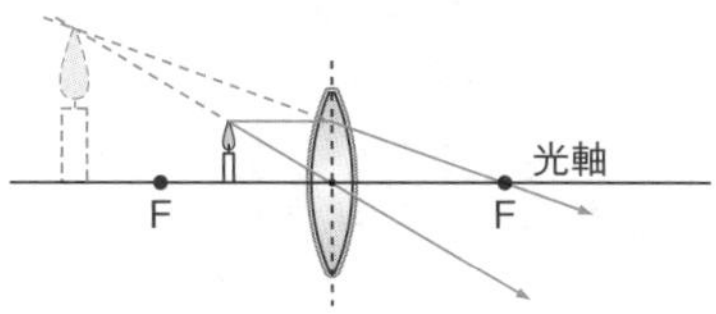

考え方

❶ 凸レンズの焦点や焦点距離とは何か，図で説明できるように確認しておこう。

❷ ① スクリーン上にできる像は，実際に光が集まってできる実像。凸レンズによって光が屈折して，上下・左右逆向きの像をつくる。
② 物体と凸レンズの間の距離を大きくすると，スクリーンにできる像は小さくなる。
③ 物体を凸レンズの焦点の内側に置くと，実像ができず，凸レンズを通して物体の虚像が同じ向きに大きく見える。

❸ ① スクリーンには上下・左右が逆の像が映る。
② 焦点距離の2倍の位置に物体を置いたとき，同じ大きさの実像ができる。
③ 物体と凸レンズの距離が大きくなるほど，凸レンズの近くに小さな実像ができる。
④ 6cmは焦点の内側だから，実像はできず，凸レンズを通して大きな虚像が見える。
⑤ 凸レンズの光の進み方にしたがって，ろうそくの炎の先端からの光を作図する。

p.61-63 Step 2

❶ ① 振動している。
② 鳴りはじめる。
③ 空気
④ 波
⑤ 振動は小さい。

❷ ① だんだん小さくなっていく。
② 変わらない。
③ 音は空気が振動することで伝わる。(音が伝わるには空気が必要である。)

❸ ① 音の伝わる速さが光の伝わる速さよりはるかにおそいため。
② 1020 m
③ 3.5秒後

❹ ① 振幅
② 振動数
③ 単位ヘルツ　記号Hz
④ 低くなった。

❺ ① ① ㋐　② ㋐　③ 振幅
② ㋑，㋒

❻ ① ㋑
② 振幅が最も大きいから。
③ ㋒
④ ㋑，㋓
⑤ 振動数が同じだから。

考え方

❶ ① 音を出している物体は，振動している。
② Aの音さの振動がBの音さに伝わり，Bの音さも鳴りはじめる。
③ Aの音さの振動が，まわりの空気を次々と振動させ，それがBの音さに伝わり，Bの音さが振動する。
④ 伝えるものが振動するだけで移動せず，振動だけが次々と伝わる現象を波という。
⑤ 障害物があっても音は伝わるが，伝わる振動は弱くなる。

❷ ① 物体（ブザー）の振動を伝える空気が少なくなっていくので，音はしだいに小さくなる。

❷空気の振動は小さくなるが，ブザー自体は振動しているので，小さな球の動きは変わらない。

❸容器内の空気がぬいていくにしたがって，音が聞こえなくなるので，空気が音を伝えているといえる。

❸ ❶音の伝わる速さは秒速約340 m，光の伝わる速さは秒速約30万km。

❷花火の打ち上げ地点までの距離(きょり)
＝「音の速さ」×「音が聞こえるまでの時間」
340 m/s×3 s＝1020 m

❸音が聞こえるまでの時間＝「花火の打ち上げ地点までの距離」÷「音の速さ」
1190 m÷340 m/s＝3.5 s

❹ ❶弦(げん)や音さなどの振動している物体の振(ふ)れ幅(はば)を振幅(しんぷく)という。

❷❸ 1秒間に振動する回数を振動数という。単位はヘルツ，記号はHzと書く。

❹振動数が少なくなると，音は低くなる。

❺ ❶音の大小は振動の振れ幅に関係する。

❷弦のはり方が強いほど，弦の振動する部分の長さが短いほど，高い音が出る。

❻ 音の大小や高低を調べるときに，オシロスコープという装置(そうち)を使う。オシロスコープは，音を電気の信号に変えて，波の形（波形）で表す。問いでは，オシロスコープのかわりにコンピュータを用いている。コンピュータでは，記録したいくつかの波の形を同時に表示できるので便利である。

❸振動数が少ないほど低い音なので，波の数の少ないものを選ぶ。

❹㋐の音と振動数が同じ，つまり波の数が同じものを選ぶ。

p.65-66 **Step ❷**

❶ ① A　② B　③ B

❷ ❶**弾性力（弾性の力）**

❷**磁力（磁石の力）**

❸**電気力（電気の力）**

❸ ❶**比例（関係）**

❷**0.5** N

❸**15** cm

❹ ❶ **1** N

❷

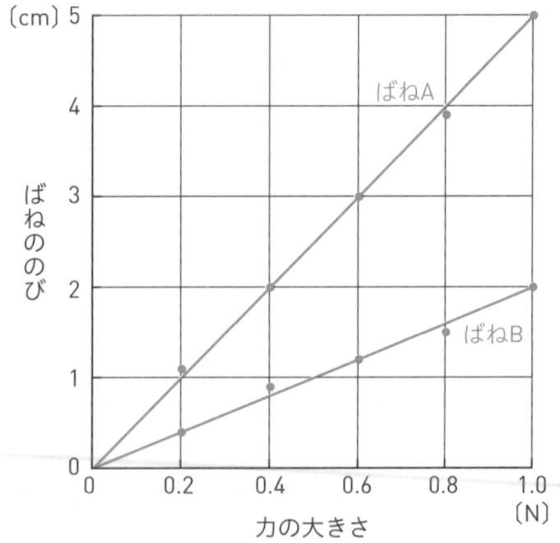

❸**フック**の法則

考え方

❶ ①下じきに力を加えると変形する。

②静止していた机(つくえ)に力を加えて動かす。

③静止していたボールに力が加わり動き出す。

❷ ❶のびたばねはちぢもうとして，物体を引き上げようとする力がはたらく。

❷磁石(じしゃく)の同極どうしには，しりぞけ合う力がはたらく。

❸布などでプラスチックをこすると，摩擦(まさつ)によって電気が発生する（→2年生）。この電気力によって髪(かみ)の毛がくっついて，持ち上がっている。

❸ ❶グラフは，原点を通る直線となっているので，ばねののびは力の大きさに比例する。

❷ 1 Nの力で，ばねは2 cmのびている。1 cmのばすには，その半分の0.5 Nの力が必要となる。

③ ばねののびは$1\ \text{cm} \times \dfrac{2.5}{0.5} = 5\ \text{cm}$だから，
ばねの長さは，$10\ \text{cm} + 5\ \text{cm} = 15\ \text{cm}$

❹ ① おもり1個の質量は20 gなので，おもり5個では，$20\ \text{g} \times 5$個$= 100\ \text{g}$。100 gの物体にはたらく重力の大きさが1 Nなので，求める値は1 Nとなる。

② 表より，値をグラフに・で記入し，ものさしを使って，原点を通る直線を引く。誤差があることを考えて，線を引く。折れ線グラフにはしない。

p.68-69 Step ❷

❶ ① 2 N
② 200 g
③ 地球上

❷

①

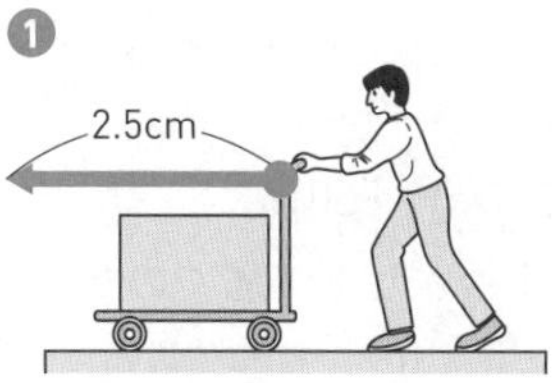

②

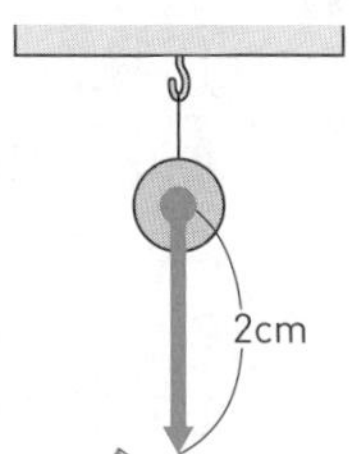

③

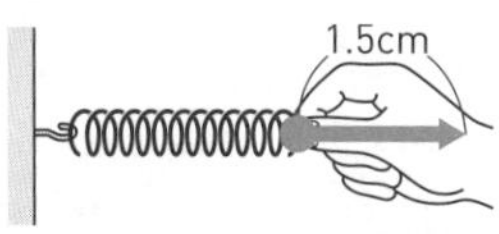

④

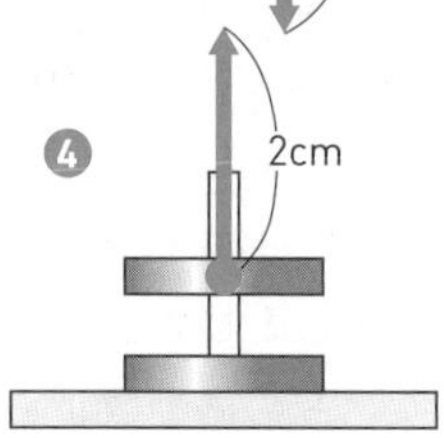

❸ ① 摩擦力
② ① 床　② 左　③ 5

❹ ① ㋐
② ㋑
③ ㋓
④ ㋒と㋓

❺ ①

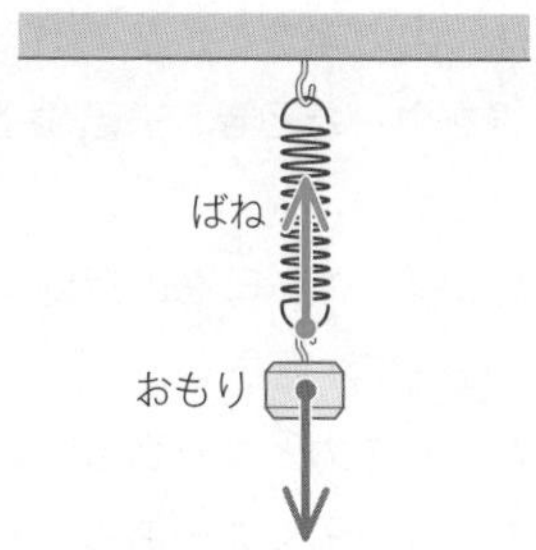

②

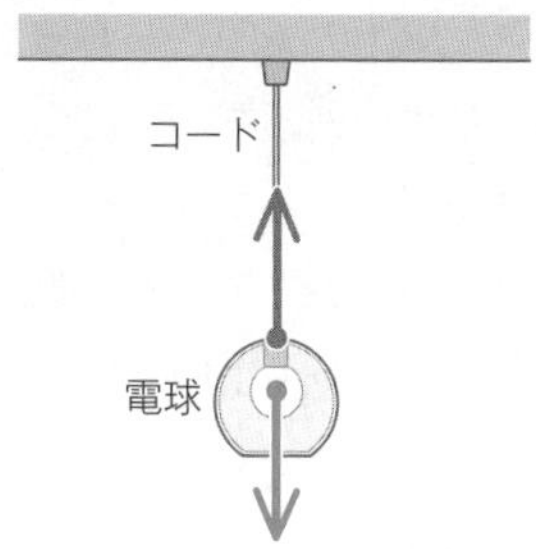

考え方

❶ ① ばねばかりは，力の大きさをはかる器具である。地球上では，100 gの物体に加わる重力の大きさは1 Nである。

② 上皿てんびんは質量をはかる器具である。質量はどこ（地球・月）ではかっても，その大きさは変わらない。

❷ ① 作用点は，手が台車を押しているところ。

② 重力は，物体すべてにはたらいているが，矢印で表すときは，物体の中心からかく。

③ ばねを持っているところが作用点。

④ 磁力は，上の磁石全体にはたらいている。この場合，中心から矢印をかく。

❸ ① 物体と物体がふれ合う面では，物体の動きを妨げる向きに摩擦力がはたらく。

② 5 Nの大きさの力で動かないので，このときの摩擦力は5 Nである。

❹ ① 物体に2つの力がはたらいているとき，2力がつり合うには，次の3つの条件が必要である。

・2力の大きさは等しい。
・2力の向きは反対である。
・2力は一直線上にある（作用線が一致する）。

❷矢印の長さが，力の大きさを示している。

❸矢印の向きは，力の向きを示している。

❹矢印の延長線(えんちょうせん)を引いたとき，一直線上に2力がないものを選ぶ。

❺一直線上に，同じ長さの矢印を，反対向きにかく。作用点の位置に注意する。

❶おもりにはたらく重力とつり合っているのは，ばねがおもりを引く力である。したがって，ばねとおもりが接しているところを作用点として，重力の矢印と一直線上に反対向きに同じ長さの矢印をかく。

❷コードが電球を引く力とつり合っているのは，電球にはたらく重力である。重力は電球の中心を作用点として下向きにかく。

p.70-71 Step❸

❶ ❶C，D

❷㋑

❷ ❶340 m/s

❷1.8秒後

❸ ❶音の高さ**高くなる**　振動数**多くなる**

❷音の高さ**高くなる**　振動数**多くなる**

❸音の高さ**変化なし**　振動数**変化なし**

❹ ❶㋒

❷㋑

❸○

❹㋐と㋒

❺ ❶

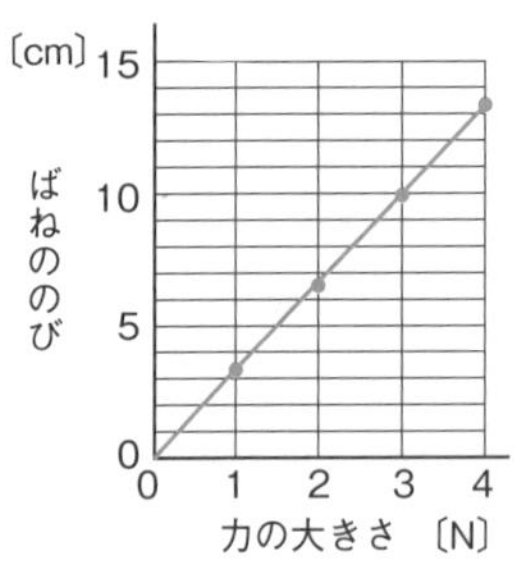

❷20 cm

❸20 cm

❹1.5 N

考え方

❶ ❶右の図のように，白い玉から出た光が，鏡の両端(りょうたん)で反射(はんしゃ)して進むと考える。この2つの線の間にあるCとDからのみ，白い玉が見える。

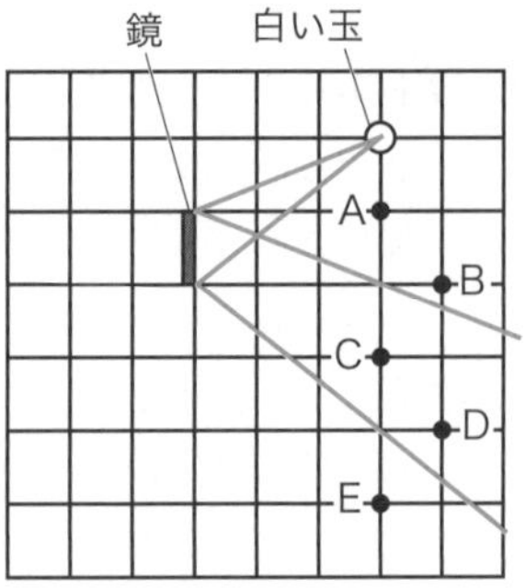

❷右の図のように，チョークから出た光は，空気とガラスの境界で2回屈折(くっせつ)する。点Pから見た場合，ガラスを通して見えるチョークは，右へずれて見える。

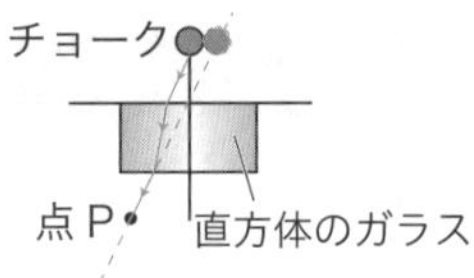

❷ ❶A君の声がこだまとしてB君に届(とど)いたときの距離(きょり)は，

300 m＋300 m＋250 m＝850 m

850 mの距離を2.5秒かかって届くのだから

850 m÷2.5 s＝340 m/s

❷300 m×2＝600 mを，❶より340 m/sで音が進むので

600 m÷340 m/s＝1.76…s

❸ ❶ことじを動かして弦(げん)を短くしてはじくと，弦の振動数(しんどうすう)がふえ，音は高くなる。

❷弦のはりが強いほど，弦をはじいたときの振動数は多くなり，音は高くなる。

❸強くはじくと，音の大きさは大きくなるが，音の高さと振動数は変化しない。

❹ 3つの条件のうち，どれか1つでも欠けていると，2力はつり合わない。

❶2力の大きさは同じで，反対向きであるが，一直線上にない。この場合，厚紙は時計回りに回転して，2力が一直線上にくると，静止する。

❷2力の大きさが違うので，大きい力の向きのほうに厚紙が動く。

❹ 2力の向きが反対でなく，一直線上にないので，厚紙は右に動く。

❺ ❶ グラフは，測定点が均等に散らばるように，原点を通る直線をかく。

❷ グラフから読みとる。力が3 Nのとき，ばねののびは10 cmとなっているから，力が2倍の6 Nでは，ばねののびも2倍の20 cm。

❸ ばねののびは，グラフから10 cmとなる。
よって，求める長さは，
30 cm－10 cm＝20 cm

❹ おもりをつり下げないときのばねの長さは，❸から20 cmだから，ばねののびは，
25 cm－20 cm＝5 cm
よって，ばねは3 Nの力で10 cmのびるので，5 cmのびるのは，3 Nの力の半分の1.5 Nのときである。

テスト前 ☑ やることチェック表

① まずはテストの目標をたてよう。頑張ったら達成できそうなちょっと上のレベルを目指そう。
② 次にやることを書こう（「ズバリ英語〇ページ，数学〇ページ」など）。
③ やり終えたら□に✔を入れよう。
最初に完ぺきな計画をたてる必要はなく，まずは数日分の計画をつくって，
その後追加・修正していっても良いね。

目標

	日付	やること 1	やること 2
2週間前	／	□	□
	／	□	□
	／	□	□
	／	□	□
	／	□	□
	／	□	□
	／	□	□
1週間前	／	□	□
	／	□	□
	／	□	□
	／	□	□
	／	□	□
	／	□	□
	／	□	□
テスト期間	／	□	□
	／	□	□
	／	□	□
	／	□	□
	／	□	□

QRコードのページに登録すると，「ぴたリンク」からも表をダウンロードできるよ

テスト前 ☑ やることチェック表

① まずはテストの目標をたてよう。頑張ったら達成できそうなちょっと上のレベルを目指そう。
② 次にやることを書こう（「ズバリ英語〇ページ，数学〇ページ」など）。
③ やり終えたら□に✔を入れよう。
最初に完ぺきな計画をたてる必要はなく，まずは数日分の計画をつくって，
その後追加・修正していっても良いね。

目標

	日付	やること 1	やること 2
2週間前	／	□	□
	／	□	□
	／	□	□
	／	□	□
	／	□	□
	／	□	□
	／	□	□
1週間前	／	□	□
	／	□	□
	／	□	□
	／	□	□
	／	□	□
	／	□	□
	／	□	□
テスト期間	／	□	□
	／	□	□
	／	□	□
	／	□	□
	／	□	□

QRコードのページに登録すると，「ぴたリンク」からも表をダウンロードできるよ

キリトリ線

ズバリよくでる 直前

チェックBOOK

- テストにズバリよくでる!
- 図解でチェック!

理科

全教科書版

1年

赤シートで何度でも!

生命　いろいろな生物とその共通点(1)

双眼実体顕微鏡のしくみ

・双眼実体顕微鏡を使うと，小さいものを拡大して，**立体的**に観察することができる。

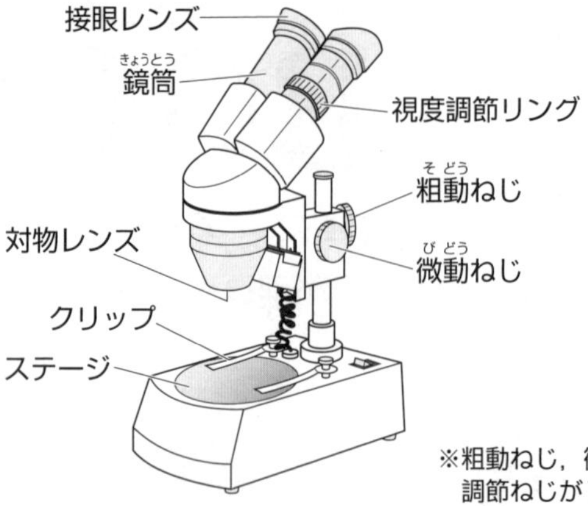

※粗動ねじ，微動ねじではなく，
調節ねじが1つあるものもある。

花から果実への変化

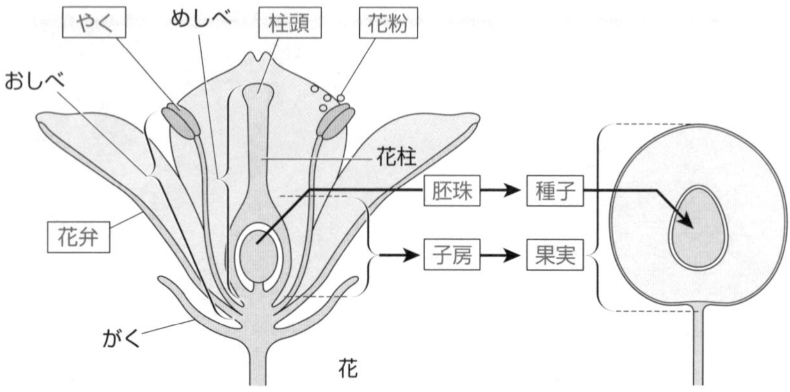

※小学校で「花びら」とよんでいたものは「花弁」，「実」とよんでいたものは「果実」とよぶ。

いろいろな生物とその共通点(2)

植物の分類

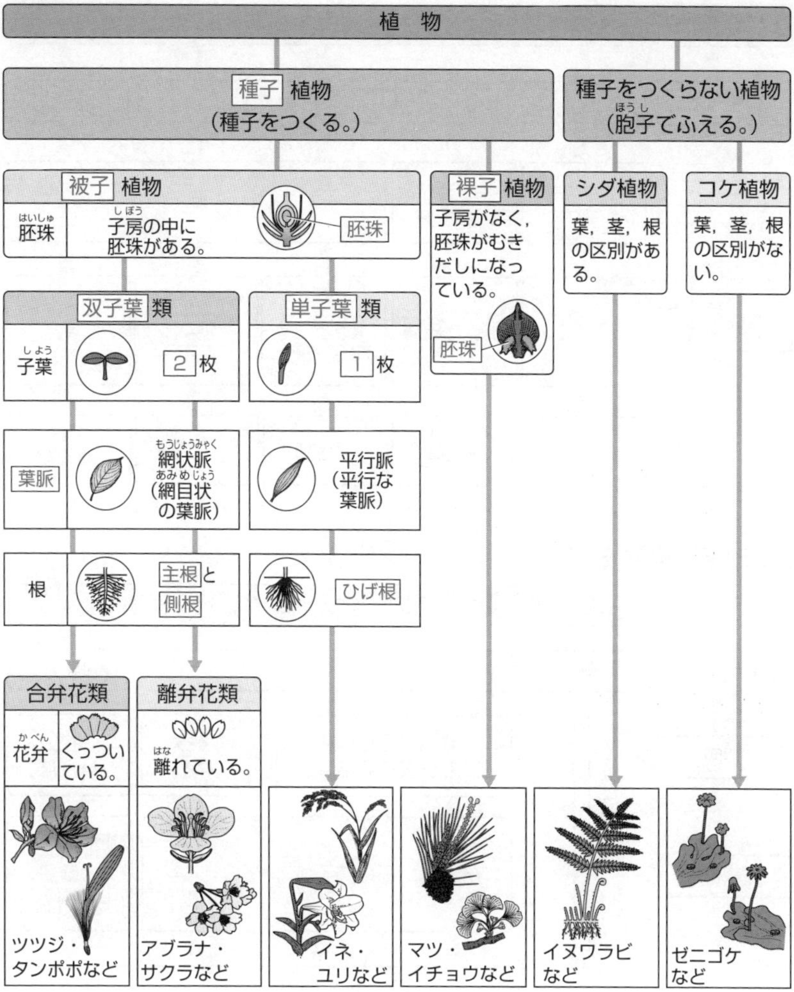
植物
種子植物
(種子をつくる。)
種子をつくらない植物
(胞子でふえる。)
被子植物
胚珠
子房の中に胚珠がある。
胚珠
裸子植物
子房がなく，胚珠がむきだしになっている。
胚珠
シダ植物
葉，茎，根の区別がある。
コケ植物
葉，茎，根の区別がない。
双子葉類
単子葉類
子葉
2枚
1枚
葉脈
網状脈(網目状の葉脈)
平行脈(平行な葉脈)
根
主根と側根
ひげ根
合弁花類
離弁花類
花弁
くっついている。
離れている。
ツツジ・タンポポなど
アブラナ・サクラなど
イネ・ユリなど
マツ・イチョウなど
イヌワラビなど
ゼニゴケなど

いろいろな生物とその共通点(3)

脊椎動物の分類

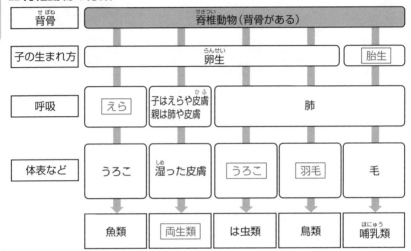

背骨	脊椎動物（背骨がある）				
子の生まれ方	卵生				胎生
呼吸	えら	子はえらや皮膚 親は肺や皮膚	肺		
体表など	うろこ	湿った皮膚	うろこ	羽毛	毛
	魚類	両生類	は虫類	鳥類	哺乳類

無脊椎動物の分類

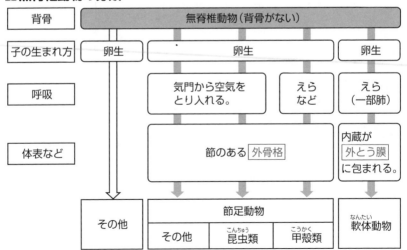

背骨	無脊椎動物（背骨がない）				
子の生まれ方	卵生	卵生			卵生
呼吸		気門から空気をとり入れる。		えらなど	えら（一部肺）
体表など		節のある外骨格			内蔵が外とう膜に包まれる。
	その他	節足動物 その他	節足動物 昆虫類	節足動物 甲殻類	軟体動物

身のまわりの物質(1)

密度の求め方

- 物質1cm³あたり(一定の体積あたり)の質量を**密度**という。

$$物質の密度(みつど)〔g/cm^3〕=\frac{物質の質量〔g〕}{物質の体積〔cm^3〕}$$

- 電子てんびんを使うと，**質量**をはかることができる。
- メスシリンダーを使うと，**体積**をはかることができる。

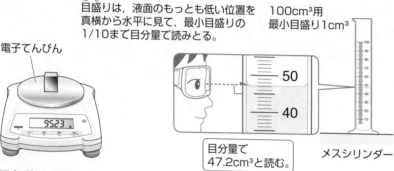

目盛り(めもり)は，液面のもっとも低い位置を真横から水平に見て，最小目盛りの1/10まで目分量で読みとる。

100cm³用
最小目盛り1cm³

電子てんびん

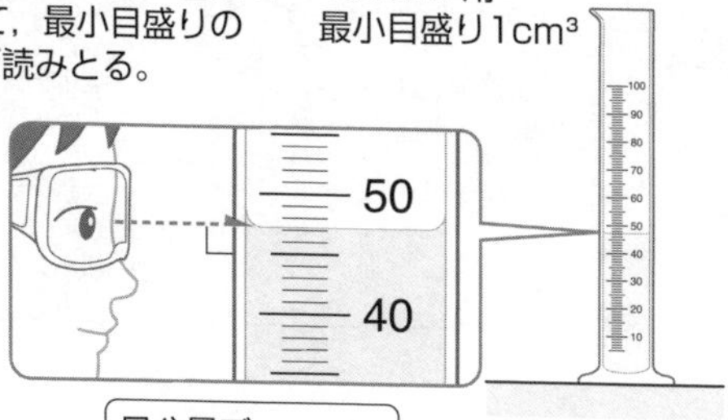

目分量で
47.2cm³と読む。

メスシリンダー

気体の集め方

発生した気体

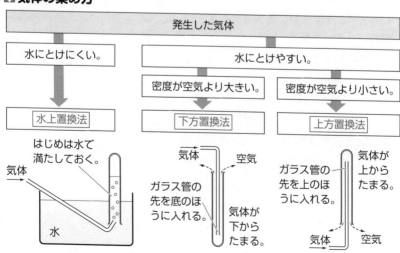

- 水にとけにくい。 → 水上置換法
- 水にとけやすい。
  - 密度が空気より大きい。 → 下方置換法
  - 密度が空気より小さい。 → 上方置換法

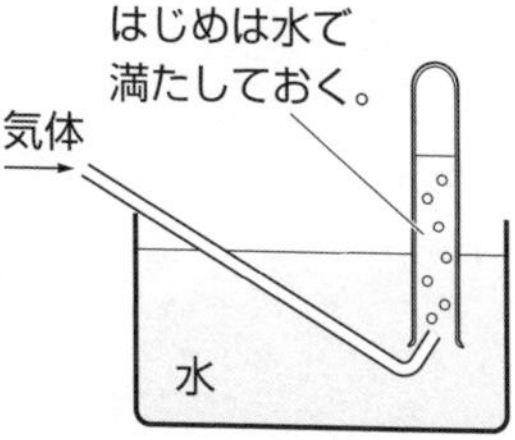

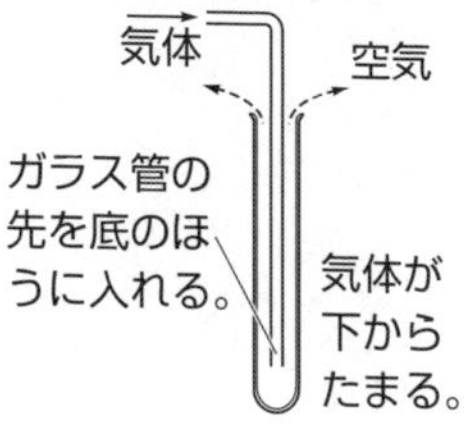

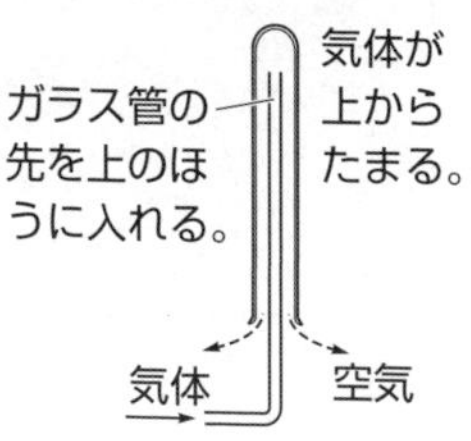

▶粒子（物質）　身のまわりの物質（2）

気体の性質

種類／性質	酸素	二酸化炭素	アンモニア	水素	窒素
色・におい	無色・無臭	無色・無臭	無色・刺激臭	無色・無臭	無色・無臭
空気と比べた重さ	少し重い（1.11）	重い（1.53）	軽い（0.60）	非常に軽い（0.07）	少し軽い（0.97）
水へのとけやすさ	とけにくい	少しとける	非常にとけやすい	とけにくい	とけにくい
気体の集め方	水上置換法	下方置換法（水上置換法）	上方置換法	水上置換法	水上置換法
その他の性質や発生方法の例	・ものを燃やすはたらきがある。 ・二酸化マンガンにうすい過酸化水素水を加えると発生する。	・石灰水を白くにごらせる。 ・水溶液（炭酸水）は酸性。 ・石灰石にうすい塩酸を加えると発生する。	・有毒な気体で，水溶液はアルカリ性。 ・塩化アンモニウムと水酸化カルシウム（または水酸化ナトリウム）の混合物を加熱すると発生する。	・空気中で爆発的に燃えて，水ができる。 ・亜鉛や鉄などの金属にうすい塩酸を加えると発生する。	・ふつうの温度では，ほかの物質と結びつかない（燃えない）。 ・空気中にもっとも多くふくまれる気体。

溶液の濃度

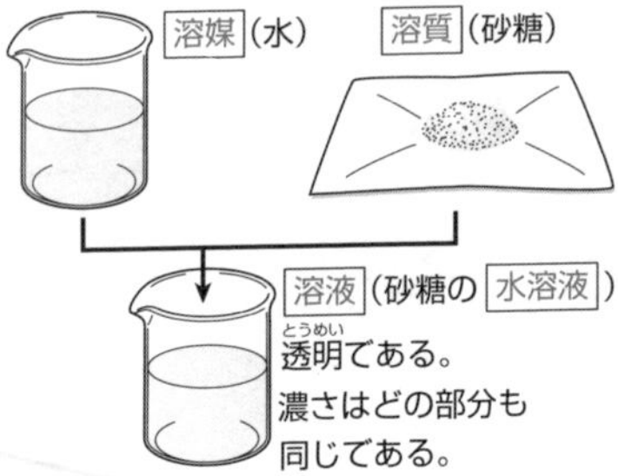

- 溶液（ようえき）の質量に対する溶質の質量の割合（わりあい）を百分率で示した溶液の濃（こ）さを**質量パーセント濃度**という。

質量パーセント濃度（のうど）〔%〕

$$= \frac{\textbf{溶質}\text{の質量〔g〕}}{\textbf{溶液}\text{の質量〔g〕}} \times 100$$

$$= \frac{\textbf{溶質}\text{の質量〔g〕}}{\textbf{溶媒}\text{の質量〔g〕} + \textbf{溶質}\text{の質量〔g〕}} \times 100$$

身のまわりの物質(3)

再結晶

- 規則正しい形をした固体を**結晶**という。
- 固体の物質を水などの溶媒(ようばい)にとかし，その溶液から再び結晶(けっしょう)としてとり出すことを**再結晶**という。

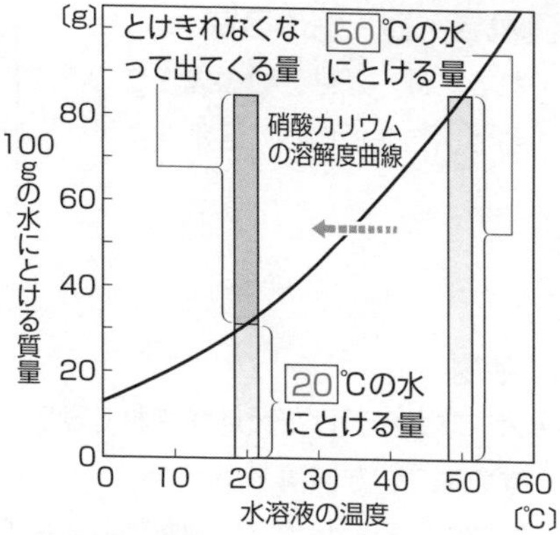

状態変化と温度

- 物質が固体，液体，気体の間で状態を変えることを**状態変化**という。
- 固体がとけて液体に変化する温度を**融点**，液体が沸騰(ふっとう)して気体に変化する温度を**沸点**という。

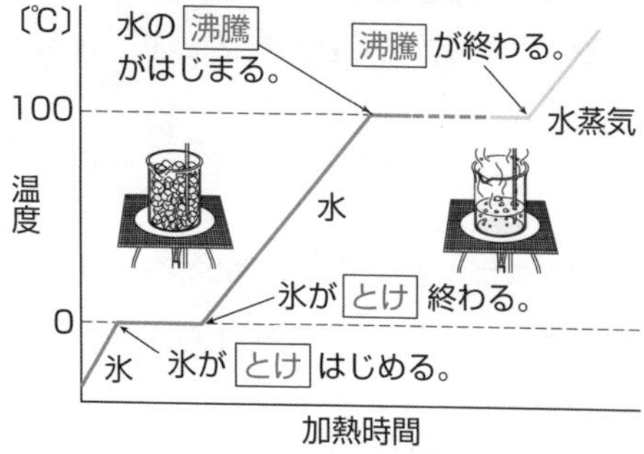

蒸留

- 液体を加熱して沸騰させ，出てくる気体を冷やして再び液体にして集めることを**蒸留**という。

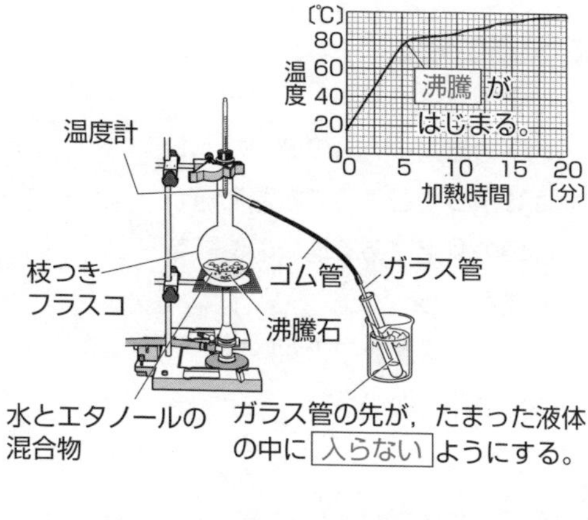

大地の成り立ちと変化(1)

れき・砂・泥の区別

- れき・砂・泥は，**粒の大きさ**のちがいをもとにして区別する。

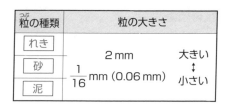

粒の種類	粒の大きさ	
れき	2 mm	大きい
砂	$\frac{1}{16}$ mm (0.06 mm)	↕
泥		小さい

断層

- 大きな力を受けた大地が割れて動いたずれのことを**断層**という。
- 過去にくり返しずれて動き，今後もずれ動く可能性がある断層を**活断層**という。

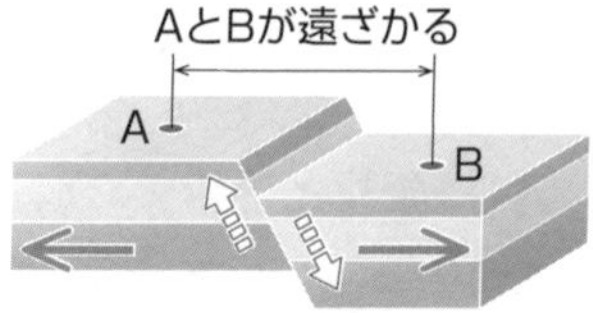

正断層(断層の上側部分が下がる)

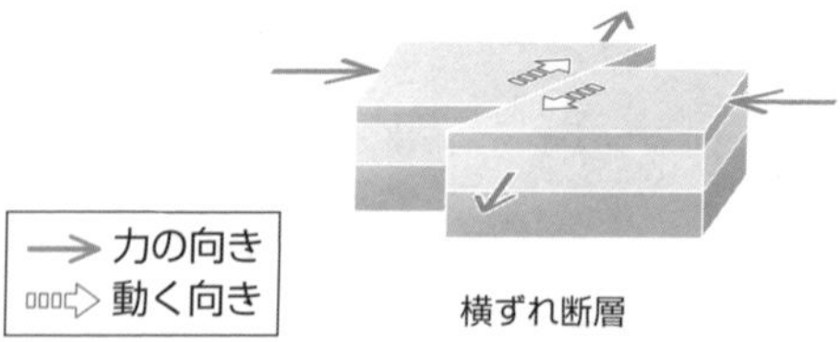

横ずれ断層

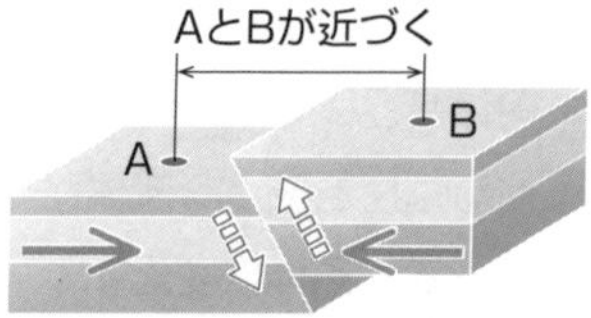

逆断層(断層の上側部分が上がる)

地震の発生

- 地震の発生において，最初に地下の岩盤(岩石)の破壊がはじまったところを**震源**という。
- 震源の真上にある地表の位置を**震央**という。
- 震央から震源までの距離を**震源の深さ**という。

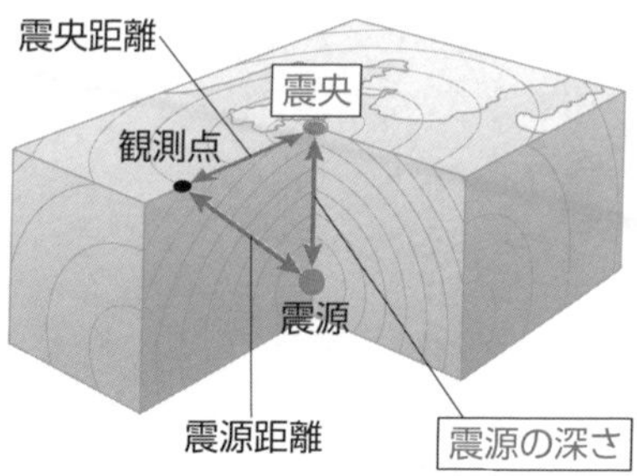

大地の成り立ちと変化(2)

地震のゆれ

- 地震(じしん)が起きたときのはじめの小さなゆれを**初期微動**という。
- 地震が起きたときの初期微動(しょきびどう)に続いてはじまる大きなゆれを**主要動**という。
- 初期微動は**P波**が届くとはじまり，主要動は**S波**が届くとはじまる。
- 初期微動がはじまってから主要動がはじまるまでの時間を**初期微動継続時間**という。

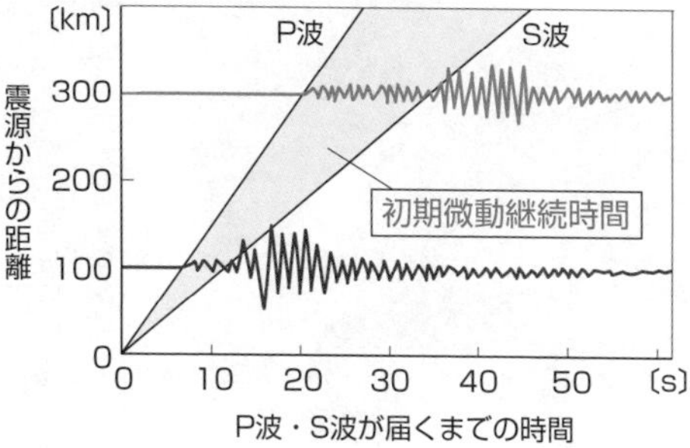

地震の発生

- 海溝(かいこう)付近で起こる地震を**海溝型地震(プレート境界型地震)**という。これは，沈(しず)みこむ**海洋プレート**に**大陸プレート**が引きずられ，その周辺にひずみがたまり，やがて破壊(はかい)されることで起こる。

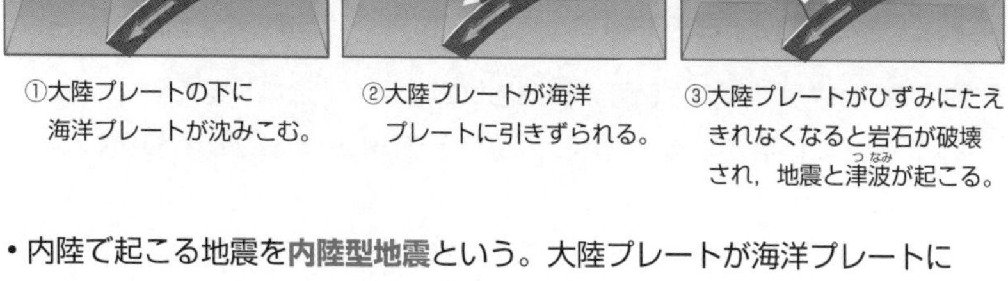

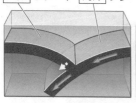

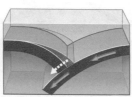

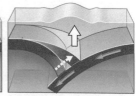

①大陸プレートの下に海洋プレートが沈みこむ。
②大陸プレートが海洋プレートに引きずられる。
③大陸プレートがひずみにたえきれなくなると岩石が破壊され，地震と津波(つなみ)が起こる。

- 内陸で起こる地震を**内陸型地震**という。大陸プレートが海洋プレートに押されることによって活断層がずれて起こる。

火山

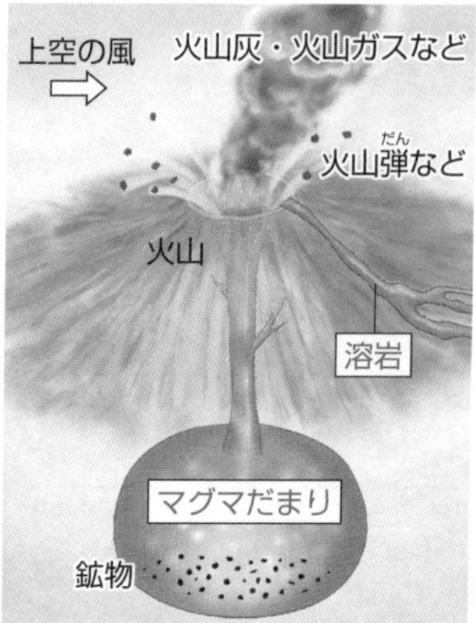

鉱物の種類と特徴

無色鉱物	鉱物	セキエイ	チョウ石
	形	不規則に割れる	一定方向に割れる
	色	無色・白色	白色・うす桃色
有色鉱物	鉱物	クロウンモ	カクセン石
	形	うすくはがれる	柱状
	色	黒色～褐色	濃い緑色～黒色
	鉱物	キ石	カンラン石
	形	短い柱状	粒状の多面体
	色	緑色～褐色	黄緑色～褐色

マグマのねばりけと火山の特徴

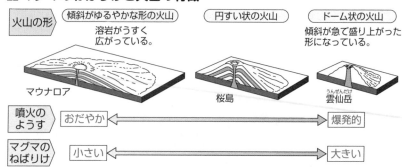

火山の形	傾斜がゆるやかな形の火山	円すい状の火山	ドーム状の火山
	溶岩がうすく広がっている。		傾斜が急で盛り上がった形になっている。

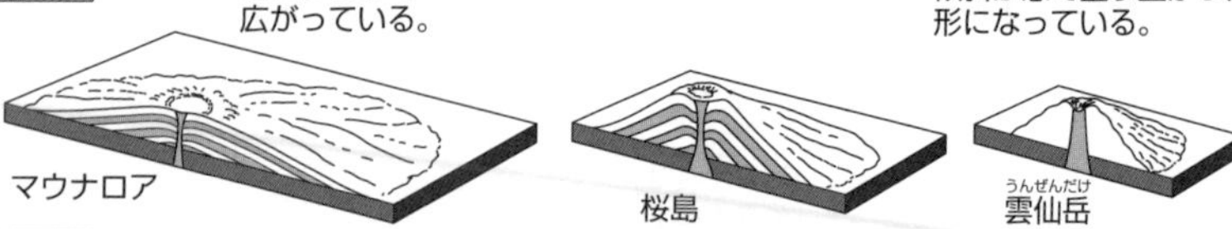

噴火のようす　おだやか ⟷ 爆発的

マグマのねばりけ　小さい ⟷ 大きい

- マグマのねばりけが小さいほど，溶岩(ようがん)は**黒**っぽく，流れ**やすく**，噴火(ふんか)のときには溶岩はおだやかに大量にふき出し，傾斜(けいしゃ)がゆるやかな火山になる。
- マグマのねばりけが大きいほど，溶岩は**白**っぽく，流れ**にくく**，溶岩はふき出しにくいが，ふき出すと爆発(ばくはつ)的に噴火する。

地球　大地の成り立ちと変化(4)

火成岩のつくり

- マグマが冷え固まってできた岩石を**火成岩**という。
- マグマが地表や地表付近で短い時間に冷えて固まった火成岩を**火山岩**という。
- マグマが地下の深いところで長い時間をかけて冷えて固まった火成岩を**深成岩**という。
- 火山岩に見られる，斑晶(はんしょう)(比較的(ひかくてき)大きな鉱物)と石基(せっき)(小さな粒(つぶ))によるつくりを**斑状組織**という。
- 深成岩に見られる，肉眼で見分けられる同じぐらいの大きさの鉱物が組み合わさったつくりを**等粒状組織**という。

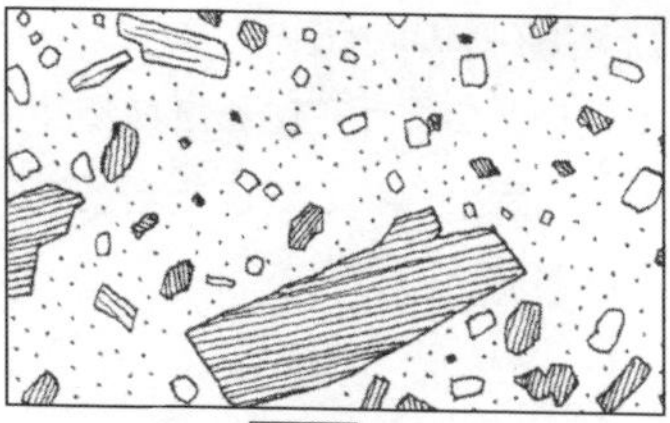

斑状 組織

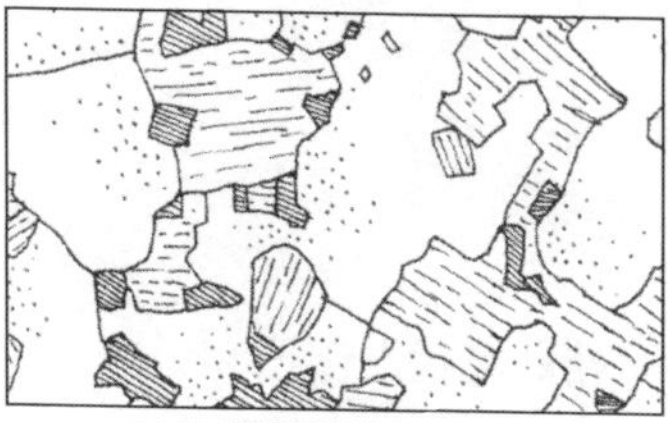

等粒状 組織

地球　大地の成り立ちと変化(5)

堆積物の特徴

- 地層をつくっている堆積物が押し固められてできた岩石を**堆積岩**という。

堆積岩	堆積するおもなもの	
れき岩	岩石や鉱物の破片	れき
砂岩		砂
泥岩		泥(シルト・粘土)
石灰岩	生物の死骸など	[塩酸をかけると二酸化炭素が発生する。]
チャート		[塩酸をかけても気体は発生しない。]
凝灰岩	火山灰など	

地質年代と化石

- 地層にふくまれる生物の死骸や生物が生活した跡を**化石**という。
- 地層が堆積した当時の環境を推測することができる化石を**示相化石**という。
- 地層が堆積した年代を推測することができる，ある限られた時代(期間)だけ生存していた生物の化石を**示準化石**という。
- 古生代，中生代，新生代など，示準化石などをもとに区別された地球の歴史を**地質年代**という。

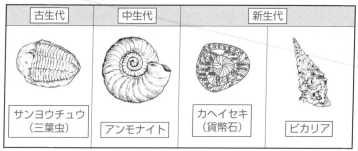

古生代	中生代	新生代	

サンヨウチュウ(三葉虫)	アンモナイト	カヘイセキ(貨幣石)	ビカリア

エネルギー　身のまわりの現象(光・音・力)(1)

光の反射

- 光が**反射**するとき，入射角と
  反射角はいつも等しい。
  これを光の**反射の法則**という。

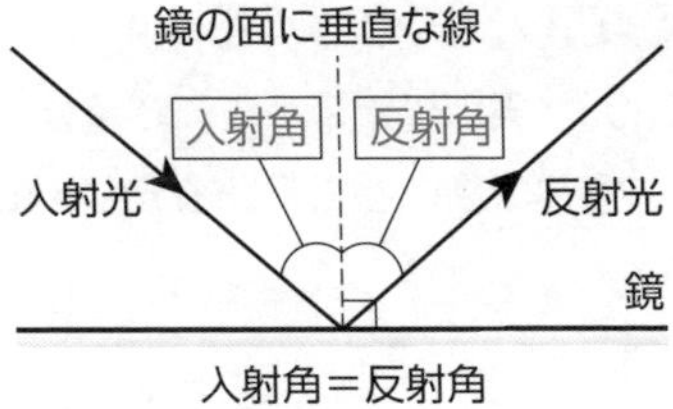

乱反射

- 物体の境界のわずかな凹凸により，
  光がいろいろな方向に反射する。
  これを光の**乱反射**という。
  このとき，1つ1つの光は
  反射の法則が成り立つように
  反射する。

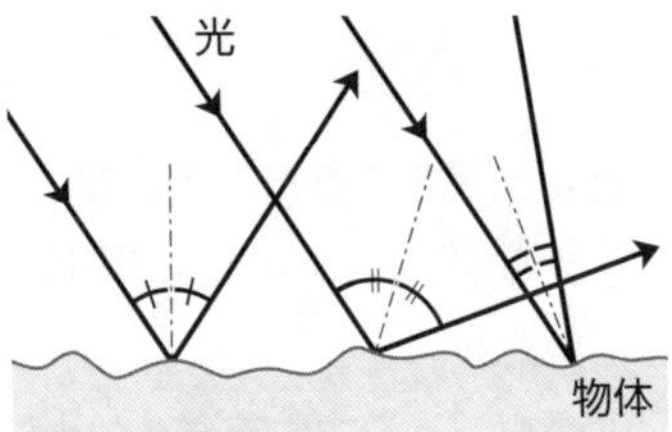

光の屈折

- 光が異なる物質の間を進むときに，
  光が物質の境界面で折れ曲がることを，
  光の**屈折**という。
- 屈折するときに，一部の光は**反射**する。
- 光が空気からガラスや水へ進むときは，
  入射角＞屈折角。
- 光がガラスや水から空気へ進むときは，
  入射角＜屈折角。
- 水やガラスから空気へ光が進むなど，
  物質の境界に進む光の入射角が大きく
  なり，屈折して進む光がなくなり，
  すべての光が反射する。これを光の
  全反射という。

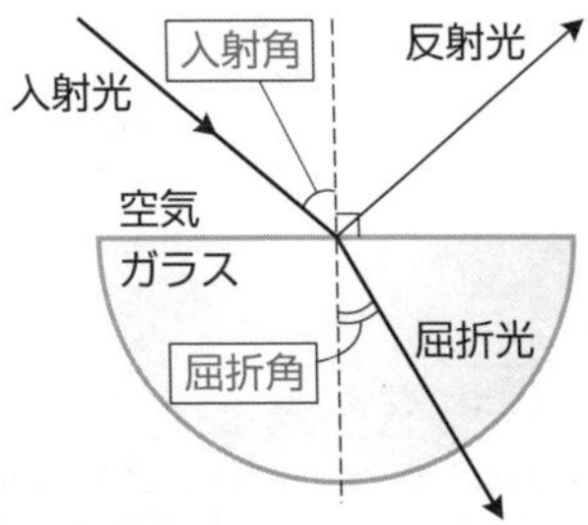

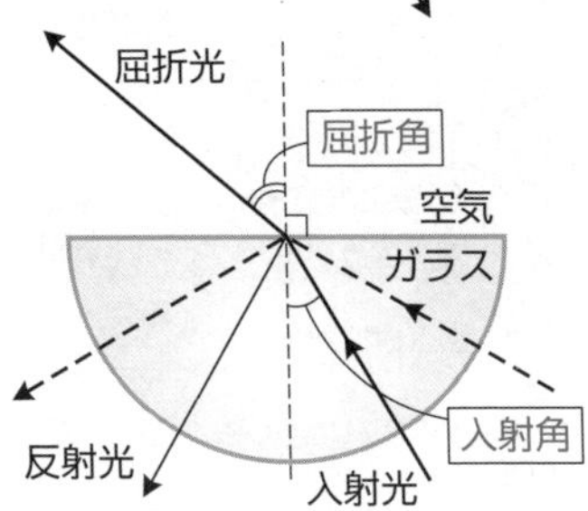

身のまわりの現象(光・音・力)(2)

凸レンズのつくる像

- 光が実際に集まってできる像を**実像**，光が集まっていないが，物体のないところから光が出ているように見える像を**虚像**という。

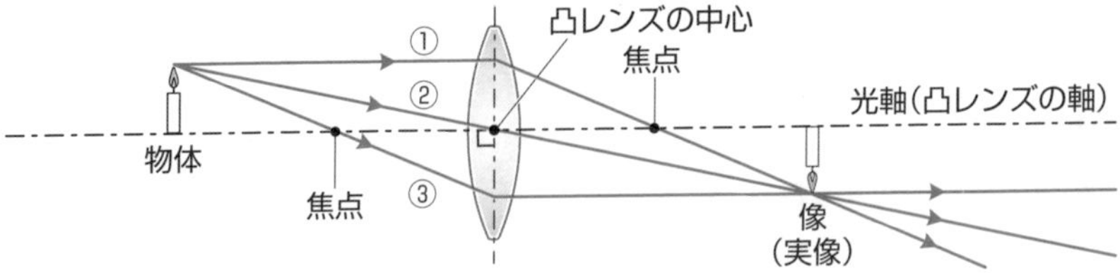

- 凸レンズを通る光の進み方
  ①光軸(凸レンズの軸)に平行に凸レンズに入った光は，屈折した後，**焦点**を通る。
  ②凸レンズの中心を通った光は，そのまま**直進**する。
  ③焦点を通って凸レンズに入った光は，屈折した後，光軸に**平行**に進む。

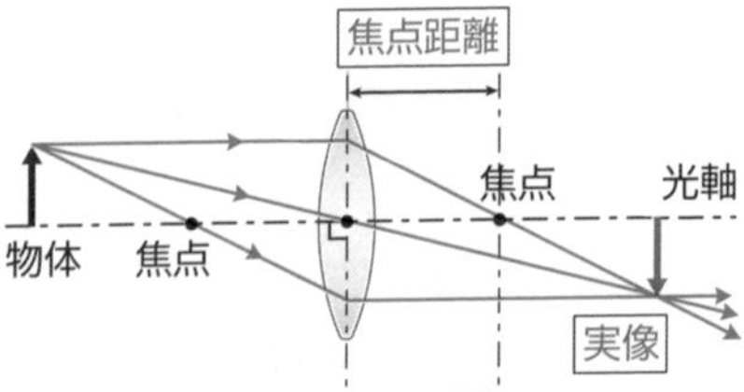

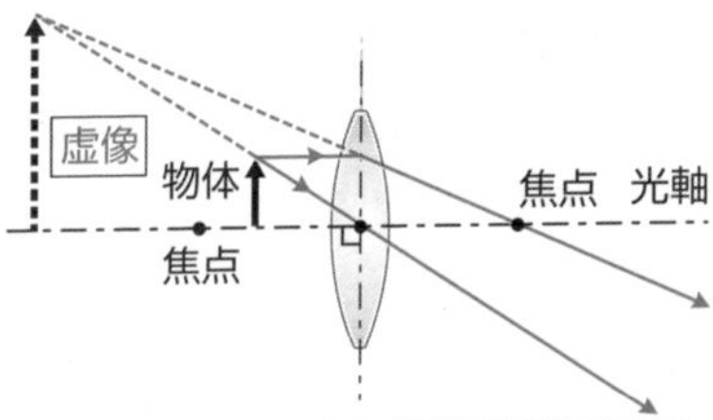

	物体の位置	像の位置	像の大きさ	像の向き	
物体が焦点の外側	焦点距離の2倍よりも遠い位置	焦点距離の2倍の位置と焦点の間	物体より小さな実像	物体と上下・左右が逆向き	実像
	焦点距離の2倍の位置	焦点距離の2倍の位置	物体と同じ大きさの実像	物体と上下・左右が逆向き	
	焦点距離の2倍の位置と焦点の間	焦点距離の2倍より遠い位置	物体より大きな実像	物体と上下・左右が逆向き	
焦点上	焦点の位置	スクリーンに実像はできない。凸レンズを通して見ても虚像は見えない。		像は できない 。	
内側	焦点よりも凸レンズに近い位置	凸レンズを通して像が見える。	物体より大きな虚像	物体と同じ向き	虚像

音の大きさ・高さ

- 振動の振れ幅を**振幅**という。
- 1秒間に振動する回数を**振動数**という。振動数は**ヘルツ**(記号**Hz**)という単位で表す。
- **振幅**が大きいほど，音は大きくなる。
- **振動数**が多いほど，音は高くなる。

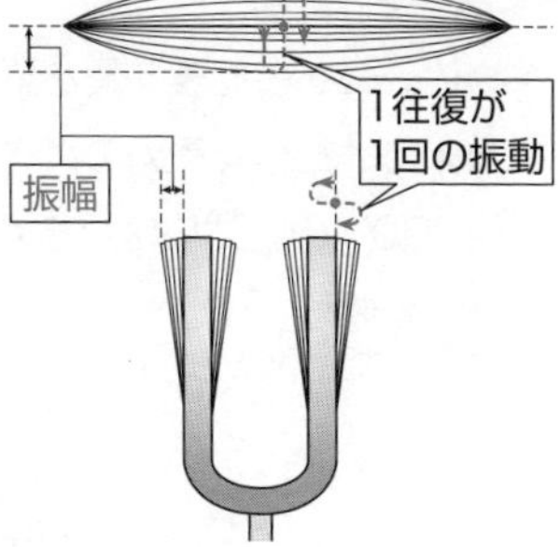

(a)振幅と音の大きさ

(b)振動数と音の高さ

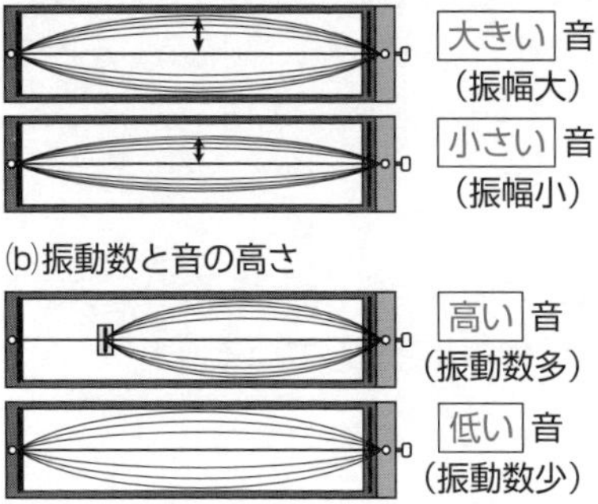

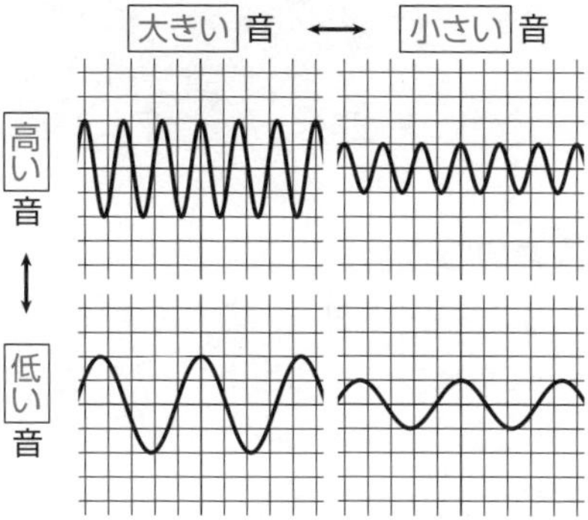

- 弦を強くはじくと，振幅 が大きくなる。
- 弦の長さを短くしてはじいたり，弦を強くはってはじいたりすると，振動数 が大きくなる。

フックの法則

- ばねののびは，ばねを加わる力の大きさに比例する。これを**フックの法則**という。

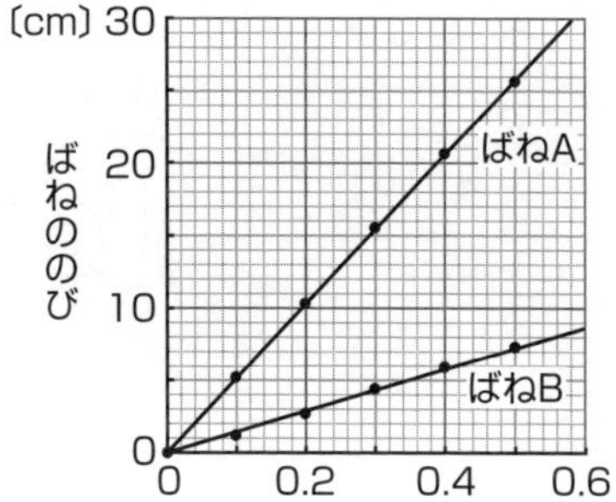

重さと質量

- 物体そのものを表す量を**質量**という。
- 物体にはたらく重力の大きさを**重さ**という。
- 約100 gの物体にはたらく重力の大きさが**1N**である。

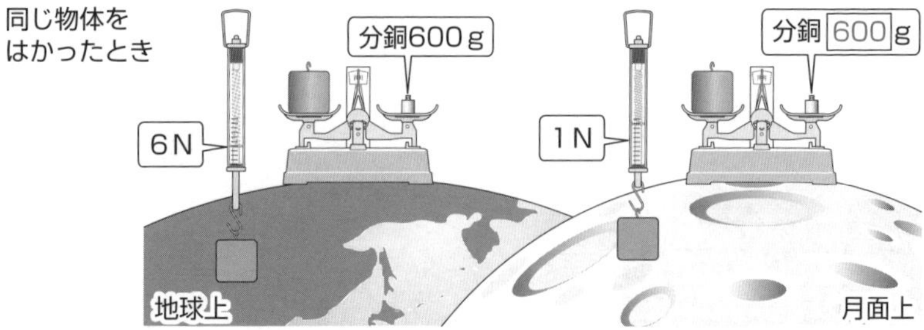

力のつり合い

- 力のはたらきは，力の**大きさ**，力の**向き**，力のはたらく点(**作用点**)で決まる。
- 1つの物体に2つ以上の力がはたらいて，物体が静止しているとき，物体にはたらく力は**つり合っている**という。
- 2力がつり合う条件
  ①2力の**大きさ**は等しい。
  ②2力の向きは**反対**(**逆**)である。
  ③2力は一直線上にある。

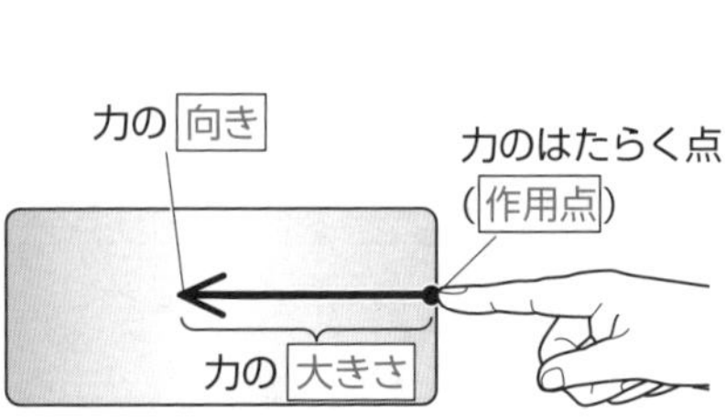

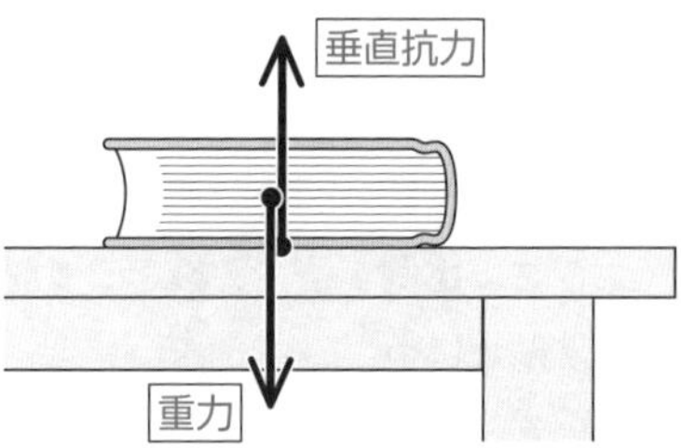